SUPPLÉMENT

AU

RECUEIL D'EXERCICES

D'ARITHMÉTIQUE

SUPPLÉMENT

AU

RECUEIL D'EXERCICES

D'ARITHMÉTIQUE

(Connaissances usuelles)

PAR

A. GUILMIN

ET

J.-A. TESTU

LIVRE DU MAITRE

SOLUTIONS RAISONNÉES ET DÈVELOPPÉES

PARIS

ALPHONSE PICARD, LIBRAIRE

82, rue Bonaparte, 82

RECUEIL D'EXERCICES

D'ARITHMÉTIQUE

Par A. GUILMIN et A. TESTU

SOLUTIONS RAISONNÉES

(LIVRE DU MAITRE)

ABRÉVIATIONS. *n.*, nombre; *f.*, franc; *c.*, centime; *add.*, additionnel; *dr.*, droit; *dr. f.*, droit fixe; *dr. prop.*, droit proportionnel; *contr.*, contribution; *cl.*, classe; *rev.*, revenu.

1. PRÉLIMINAIRES (texte explicatif).

2. CONTRIBUTION FONCIÈRE (texte explicatif).

3. *Rép.* 1° *Terre* : Revenu par classe : $50^f,04$; 20,85; 12,51; 6,95; 3,475.   Impôt id. : $12^f,26$; 5,11; 3,06; 1,70; 0,85.
    2° *Vigne* : Rev. : $45^f,44$; imp. : $11^f,13$.   3° *Bois* : Rev. : $13^f,61$; imp. : $3^f,33$.

Le revenu de chaque bien ou *portion de bien* s'obtient en multipliant le revenu de l'Ha indiqué dans le tableau par la surface convertie en Ha.   L'impôt s'obtient en multipliant le revenu par le c. le f. Ainsi le revenu de la terre en 1re cl. étant $50^f,04$, l'impôt est $50^f,04 \times 0,245 = 12^f,26$. Ainsi de suite.

4. *Rép.* Revenus des biens : bois, $2^f,29$; vigne, $30^f,12$; pré, $130^f,24$; maison, 35^f; sol, $1^f,73$; jardin, $4^f,47$. Total : $203^f,85$.　Impôt total, $203^f,85 \times 0,239 = 48^f,72$.　Surface totale $243^a,39$.

5. *Rép.* $11^f,83$.　Le revenu de la terre est $30^f \times 0,755 = 22^f,65$; celui de la vigne, $(100^f + 50^f) \times 0,171 = 25^f,65$. Rev. total, $48^f,30$.　Impôt de l'année, $48^f,30 \times 0,245 = 11^f,83$.

6. *Rép.* Impôt ordinaire, $6^f,40$. Remise $4^f,80$.　Le rev. de la 1re terre $= 10^f \times 1,374 = 13^f,74$; celui de la 2e, $5^f \times 2,475 = 12,375$; total $26^f,115$. Impôt payé, $26^f,115 \times 0,245 = 6^f,398$. Réduction à faire $6^f,40 \times {}^3/_4 = 4^f,80$.

7. *Rép.* Rev. $70^f,67$. Imp. annuel $18^f,37$; id. à rembourser, $15^f,31$.　Le revenu $= 73^f \times 0,0804 + 60^f \times 1,08 = 70^f,67$.　Imp. $70^f,67 \times 0,26 = 18^f,37$; à rembourser, $18^f,37 \times {}^{10}/_{12}$.

8. *Rép.* $84^f,93$.　Le rev. $= 45^f \times 1,254 = 56^f,43$. Pour les 6 années, l'impôt $(0^f,245 + 0,238 + 0,229 + 0,254 + 0,268 + 0,271) \times 56^f,43 = 1^f,505 \times 56,43$.

9. *Rép.* Rev., $26^f,87$; impôt, $7^f,09$. Achetés en 2e cl., $11^a,12$; en 3e cl., $36^a,40$.　Le rev. moyen d'un are $= 57^f,80 : 102,2$, celui de $47^a,52 = 57^f,80 \times 47,52 : 102,2 = 26^f,87$. L'imp. $= 26^f,87 \times 0,264$.　Le revenu des $47^a,5$ en 3e cl. serait $0^f,50 \times 47,52 = 23^f,76$. Le rev. moyen $27^f,87 = 23^f,76 + 3^f,11$; cela tient à ce qu'un certain n. d'ares sont de la 2e cl. dont le rev. est plus grand de $0^f,78 - 0^f,50 = 0^f,28$ par are. Le n. d'ares en 2e cl. $\times 0,28 = 3,11$; ce n. d'ares $= 3,11 : 0,28 = 11,12$. Le n. d'ares de 3e cl. $= 47,52 - 11,12 = 36,40$.

10. CONTRIBUTION PERSONNELLE ET MOBILIÈRE (texte explicatif).

11. *Rép.* Contrib. pers. $1^f,75$;　$1^f,75$;　$1^f,75$
　　　　　id.　mob. $8^f,10$;　$14^f,40$;　$18^f,90$
　　　　　Totaux. . $9^f,85$;　$16^f,15$;　$20^f,65$
La taxe mob. $= 9^f \times 0,90 = 8^f,10$; etc.

12. *Rép.* $8^f,53$. Contrib. imposée : pers., $1^f,95$; mob., $27^f \times 0,875$; total $25^f,58$. Cote part., $25^f,58 : 3$.

13. *Rép.* 744. $^1/_4$ ou $^2/_8 + ^3/_8 + ^1/_8 = ^6/_8$; reste $^2/_8$ des personnes à 10^f. Sur 8 pers. imposées, 2 à 14^f paient 28^f ; 3 à 12^f, 36^f ; 1 à 10^f, 10^f, et 2 à 9^f, 18^f ; total p^r 8 pers. 92^f. Une pers. paie en moyenne 92^f : 8 = 11^f,50 ; le n. des pers. qui paient = 8556 : 11,50 = 744.

14. * *Rép.* 18^f ; 22^f ; 46^f,87 ; 54^f,50 ; 81^f ; 123^f,12 ; 161^f,25 ; 258^f ; 322^f,50.   A 15,25 p^r %, la contrib. par f. est 0^f,1525. Contrib. à payer pour 450^f de loy. 450^f $\times$ 0,04 = 18^f ; de même p^r 550^f.   Pour 750^f, 600^f $\times$ 0,04 ou 24^f + 150^f $\times$ 0,1525. De même jusqu'à 2400^f. Pour 2400^f, ce serait 24^f + 1800^f $\times$ 0,1525 = 298^f,50. Mais à 10,75 p^r %, ce serait 2400^f $\times$ 0,1075 = 258^f. Ce doit donc être 258^f.   Pour 3000^f, c'est 3000^f $\times$ 0,1075 = 322^f,50.

15. *Rép.* 1500^f.   Appelons le loyer cherché : 600^f+100x^f. Sur 600^f on paie à 4 p^r %, 6^f,75 $\times$ 6 = 40^f,50 de moins qu'à 10,75 p^r %. Sur 100x^f à 15,25 p^r % on paie 4^f,50 $\times$ x de plus qu'à 10,75 p^r %. Pour que *le plus* soit précisément égal *au moins* et l'annule, il faut que 40^f,50 = 4^f,50 $\times$ x ; d'où x = 40,50 : 4,50 = 9.   100x = 900. Le loyer cherché = 600^f + 900^f = 1500^f.

16. *Rép.* 400^f ; 500^f ; 793^f,40 ; 960^f ; 1383^f,60 ; 1716^f,25 ; 1739^f,60.   *Au-dessous de* 24^f *de contrib.*, le loyer x^f moindre que 600^f, paie $x \times$ 0,04 ; d'où x = contrib. : 0,04 (1).   Au-dessus de 24^f et au-dessous de 1500^f $\times$ 10,75 = 161^f,25 de contribution (ex. 15), le loyer 600^f + x paie une contribution de 24^f + $x \times$ 0,1525 ; d'où x = (contrib. — 24^f) : 0,1525 (2). *Au-dessus de* 161^f,25 *de contrib*, le loyer x^f paie $x^f \times$ 0,1075 ; d'où x = contrib. : 0,1075 (3). On opère d'après ces trois formules.

17. CONTRIBUTION DES PORTES ET FENÊTRES.

---

* Le contingent personnel et mobilier se répartit maintenant (1874) comme il suit : les loyers de 400 à 599^f et les petits patentés au-dessous de 400^f, paient 6^f,30 par 100^f de loyer : de 600 à 699^f, 7^f,30 ; de 700 à 799^f, 8^f,30 ; de 800 à 899^f, 9^f,30 ; de 900 à 999^f, 10^f,30 ; de 1000^f et au-dessus 15^f,30.

18. *Rép.*

	1re cl.	2e cl.	3e cl.	4e cl.	5e cl.	6e cl.	Paris
1°	1f,35;	1f,80;	2f,40;	3f,00;	3f,60;	4f,50;	4f,20
2°	3 ,20;	4 ,40;	5 ,60;	8 ,00;	10 ,40;	12 ,80;	5 ,60
3°	4 ,20;	5 ,25;	6 ,30;	8 ,40;	10 ,50;	12 ,60;	4 ,90
4°	1 ,60;	3 ,50;	7 ,40;	11 ,20;	15 ,00;	18 ,80;	20 ,00
Totaux	10 ,35;	11 ,95;	21 ,70;	30 ,60;	39 ,50;	48 ,70;	34 ,70

Mettez à gauche des classes : maisons, et au-dessous à la place de 1°, 2°, 3°, 3 à 2 ouv. ; 2 à 4 id. ; 1 à 7 id. ; 1 porte coch. On trouve facilement les n. ci-dessus à l'aide du tableau du n° 17. Nous n'avons pas tenu compte pour Paris du nombre des portes de chaque maison, ce n. n'étant pas indiqué.

19. *Rép.* 35f,50. Maison de ville : 9 ouv. à 1f,50 et 1 p. de mag. 15f ; total 28f,50. Id. de camp., 9 ouv. à 0f,60 et 1 p. de mag. 1f,60 ; total 7f.

20. *Rép.* 2f,70. Il payait en premier lieu, 2f,50; il paiera en 2e lieu, $0^f,60 \times 6 + 1,60 = 5^f,20$; différ. 2f,70.

21. *Rép.* 8f,83. Impôt fonc. annuel, $42^f,50 \times 0,273 = 11^f,60$; id. des p. et fen. $1^f,20 \times 8 = 9^f,60$; total 21f,20. Diminut. pour 5 mois $(21^f,20 \times 5) : 12$.

22. AVERTISSEMENTS (texte explicatif).

23.　　　　　M. ***, propriétaire à ***.

				Opérations.
Foncier.	Pour 66f,40 de revenu	19f.26		$66^f,40 \times 0,29$
Personnel mobilier	Cote .... 1f,50 / Loy. de 14f. 4f,76		6f,26	$14^f \times 0,34$
Portes et fen.	1 m. à 4 ouv. 1f.60 / 2 m. à 5 ouv. 5f,00 / 8 ouv. 4f,80		11f,40	Tarif n° 17.
	Frais d'avertissemt		0f,05	
	Total		36f,97	
	Dont le 12e est de		3f,08	

24. CONTRIBUTION DES PATENTES (texte explicatif).

25. Tarif des professions (tableau A) (texte).

26. M. ***, maréchal ferrant à ***.

Droit fixe . . . .   4ᶠ,00 ⎱
Droit prop. ¹/₂₀ de 185ᶠ .   9ᶠ,25 ⎰ 13ᶠ,25
   Centimes additionnels. . . .   11ᶠ,26
   Frais d'avertissemᵗ 0ᶠ,05
          Total. . . .   24ᶠ,56
      Dont le 12ᵉ est   2ᶠ,05

Opérations.

V. le dr. f. nº 25
185ᶠ : 20
13ᶠ,25 × 0,85

27. *Nomenclature de quelques professions du Tableau* A.

28. L'élève fera un avertissement semblable au précédent (ex. 26) pour chacun des patentés de l'exercice 28, avec les éléments suivants qu'il devra calculer.

PROFESSIONS.	Classe.	DROIT fixe.	DROIT proportionnel.		CENT. add.	Frais d'av.	TOTAL	12ᵉ
Cafetier	4ᵉ	18ᶠ	¹/₂₀ s. 160ᶠ	8ᶠ,00	17ᶠ.68	0ᶠ.05	43ᶠ,73	3ᶠ,64
Épicier en détail. . .	5ᵉ	15	¹/₂₀ s. 210	10 ,50	17 ,34	0 ,05	42 ,89	3 ,57
Serrurier	5ᵉ	7	¹/₂₀ s. 120	6 ,00	8 .84	0 ,05	21 ,89	1 ,82
Bourrelier.	6ᵉ	24	¹/₂₀ s. 150	7 ,50	21 4?	0 ,0?	52 ,97	4 ,41
Tailleur à façon . . .	7ᵉ	3	exempt.	»	2 ,04	0 ,05	5 ,09	0 ,42

Pour cet exercice comme pour les suivants, l'élève cherchera d'abord au nº 27 la classe à laquelle appartient la profession. Il prendra ensuite dans le tableau du nº 25 le droit fixe d'après la classe et la population, et le taux du droit proportionnel.

29. *Rép.* 27ᶠ,04.   La profession appartient à la 4ᵉ classe pour laquelle le dr. f. est 45ᶠ dans les villes de 30 à 50000 habitants ; le dr. prop. = ¹/₂₀ du loyer. La patente pour l'année entière sera ainsi établie : Dr. f. 45ᶠ ; dr. prop. 18ᶠ,75 ; c. add. 63ᶠ,75 × 0,272 = 17ᶠ,34 ; avertᵗ 0ᶠ,05. Total 81ᶠ,14. Pour les 4 derniers mois, on déduira (81ᶠ,14 × 4) : 12.

30. *Rép.* 25ᶠ,08.   La profession appartient à la 4ᵉ classe ; la ville entre 20 et 30,000 âmes ; dr. fixe 30ᶠ ; dr. pr. ¹/₂₀ du

loyer. Pour l'année entière : dr. f. 30^f; dr. prop. 21^f,50; c.
add. 23^f,69 ; frais 0^f,05 ; total 75^f,24. La veuve devra pour
4 mois (75^f,24 $\times$ 4) : 12.

31. La patente sera due à partir du 1er mai (8 mois ou $^2/_3$
d'année). L'avertissement sera ainsi établi pour chaque cas :

PATENTE DU MARCHAND BOUCHER (4e classe).

Dr. fixe (25^f $\times$ $^2/_3$).	16^f,67	} 25^f,67
Dr. pr. (270^f $\times$ $^1/_{20}$ $\times$ $^2/_3$)	9 ,00	
Cent. add.	11 ,17	
Frais d'avert.	0 ,05	
Total.	36^f,89	

PATENTE DE BOUCHER A LA CHEVILLE (5e classe).

Dr. f. (15 $\times$ $^2/_3$).	10^f,00	} 19^f,00
Dr. pr. (270^f $\times$ $^1/_{20}$ $\times$ $^2/_3$)	9 ,00	
Centimes add.	8 ,26	
Frais d'avert.	0 ,05	
Total.	27^f,31	

32. PATENTE DE CABARETIER (6^e cl.).

Dr. fixe	6^f,00	} 13^f,50
Dr. pr. (150 $\times$ $^1/_{20}$)	7 ,50	
Centimes add.	5 ,22	
Frais d'avert.	0 ,05	
Total.	18^f,77	

PATENTE D'AUBERGISTE (4e cl.).

Dr. fixe	18^f,00	} 29^f,00
Dr. prop. (220 $\times$ $^1/_{20}$)	11 ,00	
Centimes add.	11 ,22	
Frais d'avert.	0 ,05	
Total.	40^f,27	

L'augmentation, pour l'année entière $= 40^f,27 - 18^f,77$
$= 21^f,50$. Pour 5 mois elle sera de (21^f,50$\times$5):12. *Rép.* 8^f,96.

33. *Rép.* 7^f,33. La profession appartient à la 5e classe
pour laquelle le droit proportionnel est de $^1/_{20}$ du loyer. L'ou-

vrier paye donc en trop : 1° pour le dr. prop. de la terre $(60^f \times 1,75) \times 1/_{20} = 5^f,25$; 2° pour les cent. add. $5,25 \times 0,396 = 2^f,08$; total $7^f,33$.

34. Patente de marchand de tissus de laine, etc. (3e cl.).

Associé principal.

Dr. fixe	$60^f,00$	} $103^f,33$
Dr. pr. $(650 \times 1/_{15})$	$43,33$	
Cent. add.		$30,59$
Frais d'avert.		$0,05$
Total.		$133,97$
dont le 12e est de		$11^f,16$

Les autres associés (chacun).

Dr. fixe $(60 : 3)$	$20^f,00$
Centimes add.	$5,92$
Frais d'avert.	$0,05$
Total.	$25,97$
dont le 12e est de	$2^f,16$

35. L'élève établira avec ordre les 3 patentes ; en voici les éléments :

CHARCUTIER-CABARETIER.

Dr. f. { Charcutier, 4e cl.	$45^f,00$
{ Cabaretier, 6e cl.	$12,00$
Dr. prop.	$18,75$
Centimes add.	$31,81$
Frais d'avert.	$0,05$
Total.	$107,61$
12^e	$8^f,97$

COUVREUR, M^d D'ARDOISES.		ÉPICIER, PATISSIER.	
Couvreur, 4e cl.	$30^f,00$	Épicier, 5e cl.	$7^f,50$
M^d d'ard., 6e cl.	$8,00$	Pâtissier, 4e cl.	$25,00$
Dr. pr.	$23,50$	Dr. pr.	$14,00$
Cent. add.	$25,83$	Cent. ad.	$19,53$
Avertis^t	$0,05$	Avertis^t	$0,05$
	$87,38$		$66,08$
12°	$7^f,28$	12°	$5^f,51$

36.   M. *** A TOURS (année ***).

Épicerie en ½ gros (2ᵉ classe).

Droit fixe	90ᶠ,00	
Dr. prop. $^1/_{15}$ sur 470ᶠ	31 ,33	

Fabrique de chocolat (3ᵉ classe).   206ᶠ,66

Droit fixe	60 ,00	
Dr. prop. $^1/_{15}$ sur 380ᶠ	25 ,33	
Centimes additionnels		74 ,40
Frais d'avertissement		0 ,05
Total.		281 ,11
dont le 12ᵉ est de		23ᶠ,43

37.   Fᵗ DE LIQUEURS (3ᵉ *cl.*).

Dr. f.	25ᶠ,00	
Dr. pr. (360ᶠ × $^1/_{15}$)	24 ,00	49ᶠ,00
Centim. add.		18 ,62
Frais d'avᵗ		0 ,05
Total.		67 ,67
12°		5ᶠ,64

Mᵈ DE LIQUEURS (4ᵉ *cl.*).

Dr. f.	45ᶠ,00	
Dr. pr. (650ᶠ × $^1/_{20}$)	32 ,50	77ᶠ,50
Cent. add.		34 ,88
Fr. avertᵗ		0 ,05
Total.		112 ,43
12°		9ᶠ,37

38. Voici les éléments des 3 patentes que l'élève doit établir.

Dr. fixe	24ᶠ,00		30ᶠ,00	180ᶠ,00
Dr. pr. 375 × $^1/_{20}$	18 ,75	375:20;	18 ,75	375ᶠ : 10 ; 37 ,50
Cent. ad.	15 ,82		18 ,04	80 ,48
Frais	0 ,05		0 ,05	0 ,05
Total.	58 ,62		66 ,84	298 ,03
12°	4ᶠ,88		5ᶠ,57	24ᶠ,83

39. *Rép.* 242ᶠ,19.   Dr. f. 120ᶠ; dr. prop. $^1/_{10}$ sur 315ᶠ = 31ᶠ,50, et $^1/_{30}$ sur 380ᶠ = 12ᶠ,66; centimes add. 164ᶠ,16 ×

$0,475 = 77^f,98$; frais d'avertis^t $0^f,05$; total $242^f,19$ dont le $12^e = 20^f,18$.

40. PATENTE DE PHARMACIEN (3e *classe*).

Dr. fixe	$60^f,00$	
Dr. pr $(525 \times {}^1/_{15})$ 35 ,00		$95^f,00$
Centimes		28 ,51
Frais		0 ,05
Total.		123 ,56
dont le 12^e		$10^f,30$

OPÉRATIONS.

La patente d'un mois $= 30,89 : 3$. Id. d'un an $= (30,89 : 3) \times 12 = 123^f,56$. En déduisant $0^f,05$ de frais, il reste $123^f,51$ pour les droits et les c. add. Pour 1^f de dr., il y a $0^f,30$ de c. add. ; en tout $1^f,30$. Les 2 dr. $\times 1,30 = 123^f,51$; ces 2 dr. $= 123^f,51 : 1,30 = 95^f$. Le dr. f, d'après les n°s 27 et 25 $= 60^f$. Le dr. pr. $= 95^f - 60^f = 35^f$ est payé pour un loyer de $35^f \times 15 = 525^f$. Les c. add. $= 95^f \times 0,30$ ou $123^f,51 - 95^f,00$.

41. EXTRAIT DU TABLEAU B.

42. Voici les éléments de chacune des patentes du négociant.

	1°	2°	3°	4°	Paris.
Droit fixe. . . .	$100^f,00$	$150^f,00$	$200^f,00$	$300^f,00$	$400^f,00$
Dr. pr., maison . . .	38 ,00	38 ,00	38 ,00	38 ,00	38 ,00
Id., magasin .	39 ,07	39 ,07	39 ,07	39 ,07	39 ,07
Cent. add. . . .	65 ,51	84 ,01	102 ,51	139 ,51	176 ,51
Frais	0 ,05	0 ,05	0 ,05	0 ,05	0 ,05
Total. . .	242 ,63	311 ,13	379 ,63	516 ,63	653 ,63
12^e	$20^f,22$	$25^f,93$	$31^f,63$	$43^f,05$	$54^f,47$

Les colon. 1°, 2°, 3°, 4° correspondent aux colon. du tabl. B.

43. PATENTE DE DIRECTEUR D'UNE USINE A GAZ.

Droit fixe	$400^f,00$	
Dr. pr. mais. $(179^f,4 : 10)$ 17 ,94		$435^f,89$
Id. usine $(717^f,8 : 40)$ 17 ,95		
Centimes add.		204 ,86
Frais		0 ,05
Total.		640 ,80
12e.		$53^f,40$

OPÉRATIONS.

Les droits et c. ad. $= 640^f,75$; les droits seuls $= 640^f,75 : (1^f + 0,47) = 435^f,89$. Le droit fixe est de 400^f ; il reste pour dr. pr. $35^f,89$. Le loyer de l'usine valant 1^f, celui de la maison vaudra 0^f,25 ; le dr. prop. du 1er sera de 1^f × $^1/_{40}$ = 0^f,025 ; celui du 2e, 0^f,25 × $^1/_{10}$ = 0^f,025 ; ils seront donc égaux, et dans le droit prop. total 35^f,89, il y a 17^f,94 pour la maison, et 17^f,95 pour l'usine. Le loyer de la maison = 17^f,94 × 10 ; le loyer de l'usine = 17^f,95 × 40. Les c. add. = 435^f,89 × 0,47 ou 640^f,75 — 435^f,89.

44. Extrait du tableau C.

45. *Rép.* 98^f,96. La contenance des 5 chaudières = 0,459 × 0,459 × 3,1416 × 1,80 × 5 = 5^{mc},9556 ou 59^{hl},55. La patente sera ainsi établie : droit fixe, 59^{hl},55 à 0^f,70 = 41^f,68 ; rehaussement, $^1/_5$ = 8^f,34 ; droit pr. sur maison, 280^f × $^1/_{20}$ = 14^f,00 ; dr. prop. sur établissement, 530^f × $^1/_{40}$ = 13^f,25 ; c. add., 77^f,27 × 0,28 = 21^f,64 ; frais 0^f,05 ; total 98^f,96 dont le 12e = 8^f,25.

46. *Rép.* 0^f,61. Les 23 ouvriers comptent pour 19. (23 — 8) + (8 : 2). D'après le n° 44, la patente sera ainsi établie : dr. f., 10^f ; 19 ouv. à 3^f = 57^f ; rehaussement, 67^f × $^1/_5$ = 13^f,40 ; dr. pr. sur la maison, 510^f × $^1/_{20}$ = 25^f,50 ; dr. prop. sur l'établis., 710^f × $^1/_{15}$ = 47^f,33 ; cent. add., 153^f,23 × 0,45 = 68^f,95 ; frais d'avert., 0^f,05 ; total 222^f,23. Moyenne par jour 222^f,23 : 365.

47. Patente d'entrepreneur de travaux publics.

		Opérations.
Droit fixe	5^f,00)	Les dr. et les c.
Id. pour 150000^f de trav. 150 ,00{186^f,00		add. = 280^f,06 ;
Id. rehaussement, $^1/_5$: 31 ,00)		les dr. seuls =
Dr. pr. $^1/_{15}$ sur 345^f	23 ,00	280^f,06 : (1+0,34)
Cent. add.	71 ,06	= 209^f,00 ; les c.
Frais d'avertissement	0 ,05	add. 280^f,06—209^f
Total.	280^f,11	= 71^f,06. Le dr.

prop. = 345^f × $^1/_{15}$ = 23^f. Il reste pour dr. fixes 209^f — 23 = 186^f. Dans cette somme le 1er droit entre pour 5^f + (5^f × $^1/_5$), c'est-à-dire pour 6^f ; reste pour 2e dr. et rehaussement, 180^f. Le rehaussement = $^1/_5$ du 2e droit ; 180^f = 2^e dr.

$\times\ ^6/_5$, et le 2e droit seul, $(180^f:6)\times5=150^f$, qui indiquent, 1^f de droit par 1000^f de travaux, 150000^f d'entreprises.

48. PATENTE DE FABRICANT DE CHAUSSURES.		OPÉRATIONS.
Droit fixe	$15^f,00$	Les dr. f. et prop. $=$
Id. 12 ouvr.	$36\ ,00$	$108^f,36 : 1,26 = 86^f,00$;
Rehauss^t, $^1/_5$	$10\ ,20$	les c. add. $86 \times 0,26 =$
Dr. p. mais., $^1/_{20}$ sur 283^f	$14\ ,17$	$22^f,36$. Le dr. f. d'après
Id. établ., $^1/_{40}$ sur 425	$10\ ,63$	le n° $14 = 15^f + (12^f\times3)$
C. additionnels	$22\ ,36$	$+\ ^1/_5$ de ces nombres ;
Frais d'avertiss^t	$0\ ,05$	en tout $61^f,20$. Reste pour
Total.	$108^f,41$	dr. prop. $86^f - 61^f,20 =$

$24^f,80$. Le loyer d'habitation $= ^2/_3$ de celui de l'établissement, soit 2^f quand ce dernier est 3^f. $2^f \times ^1/_{20} = ^2/_{20} = ^4/_{40}$; $3^f \times ^1/_{40} = ^3/_{40}$; en tout $^7/_{40}$. Sur 7^f de dr. prop., il y a 4^f pour l'habitation et 3^f pour l'établ. Donc, sur $24^f,80$ de dr. pr., il y a $(24^f,80 \times 4) : 7 = 14^f,17$ pour l'habitation représentant $14^f,17 \times 20$ ou $283^f,40$ de loyer, et $(24^f,80 \times 3) : 7 = 10^f,63$ pour l'établissement, représentant $10^f,63 \times 40 = 425^f,20$ de loyer. Or $283^f,40 = 425^f,20 \times ^2/_3$.

49. EXTRAIT DU TABLEAU D.

50. *Rép.* $721^f,35$.   En déduisant $0^f,05$ de frais, il reste $11^f,30$ pour 3 mois, ce qui donne une patente annuelle de $11^f,30 \times 4 = 45^f,20$. Le droit seul $= (45^f,20 : 1,41) = 32^f,06$ et les centimes add. $45^f,20 - 32^f,06 = 13^f,14$. Le loyer d'habitation $= 32^f,06 \times 15 = 480^f,90$; le loyer du logement consacré aux élèves $= 480^f,90 : 2 = 240^f,45$; total $721^f,35$.

On établira ainsi la patente : dr. pr. $^1/_{15}$ sur $480^f,90$, pour $^1/_4$ d'année, $8^f,02$; c. add., $3^f,28$; frais d'avertis., $0^f,05$; total, $11^f,35$ dont le tiers (pour 1 mois) $= 3^f,78$.

51. ASSIETTE DES CONTRIBUTIONS DIRECTES.

52. EXPLICATION DU TABLEAU VOISIN (Ex. 52).
L'élève doit copier le tableau qui occupe la page 13 de son livre, ligne pour ligne, avec tout ce qui y est imprimé, en élargissant seulement les colonnes de manière à pouvoir y

FONCIER.		PERSONNEL mobilier.		PORTES et fenêtres.		TOTAL.
centimes add.	PRODUIT.	centimes add.	PRODUIT.	centimes add.	PRODUIT.	
	17272f,00		3195f,00		2337,00	22804f,00
			543,15		369,25	912,40
	310,90		57,51		56,09	424,50
	17582,90		3795,66		2762,34	24140,90
	8290,56		1533,60		537,51	10361,67
	66,32		12,27		12,90	91,49
	8356,88		1545,87		550,41	10453,16
	863,60		159,75			1023,35
	4490,72		830,70		607,62	5929,04
	673,61		124,61		91,14	889,36
	518,16		95,85		70,11	684,12
	863,60		159,75		116,85	1140,20
	7409,69		1370,66		885,72	9666,07
	59,28		10,97		21,26	91,51
	7468,97		1381,63		906,98	9757,58
	224,07		41,45		27,21	292,73
	7693,04		1423,08		934,19	10050,31
	33632,82		6764,61		4246,94	44644,37
	0f,523		0f,561		0f,650	
	0,248		0,229		0,1.0	
	0,229		0,210		0,120	

mettre des nombres décimaux de 6 et 7 chiffres. Il y remplacera les » par les nombres qui les remplacent dans le nôtre *après les avoir calculés*. Nous n'avons pas reproduit le tableau tout entier faute de place dans la largeur de ce livre du maître.

Au-dessous du tableau tel qu'il est dans le livre de l'élève, il y a dans le nôtre trois colonnes horizontales *de plus*. Ces lignes contiennent les réponses à la question de l'Ex. 53. Il faut mettre horizontalement en tête de ces lignes dans la colonne verticale intitulée *Impositions*, 1° part de l'*État* par fr.; 2° id. du *département*, 3° id. de la *commune*

Nous allons maintenant indiquer la marche que nous avons suivie pour trouver les nombres demandés.

1° *Cent. addit.* On en fait le total dans chaque colonne verticale 1° pour l'Etat seul ; 2° pour le départem^t seul ; 3° pour la commune seule.   On ajoute les c. de non-valeur au 3e total ; puis les frais de perception au 4e. Enfin le montant général du rôle s'obtient en additionnant le 1er total, le 2e id., et le 3e id., de chaque colonne verticale, intitulée *cent. add.*, ou bien *produit*.

(Colonnes intitulées : *Produit*). Nombres calculés.

FONCIER (*Produit*).   *Etat*. 17272 $\times$ 0,018. On addititionne avec 17272.

Départem^t. 17272 $\times$ 0,48 ; 8290,56 $\times$ 0,008. On additionne.

Commune. On multiplie successivem^t 17272 pour 0,05 ; 0,26 ; 0,039 ; 0,03 ; 0,05. Puis on additionne.   Fonds de n. val., 7409,69 $\times$ 0,008. On addit. avec 7409,69.   Frais de perc., 7468,97 $\times$ 0,03. On additionne avec 7468,97.

PERS. MOB.   *Etat*, 3195 $\times$ 0,17 ; 3195 $\times$ 0,018. On additionne avec 3195.

Départem^t. 3195 $\times$ 0,48 ; 1533,60 $\times$ 0,008. On additionne.

Commune. On multiplie successivem^t 3195 par 0,05 ; 0,26 ; 0,039 ; 0,03 ; 0,05 et on additionne. Non. val. 1370, 66$\times$0,008 ; on addit. avec 1370,66.   Fr. de perc. 1381,63 $\times$ 0,03. On addit. avec 1381,63.

PORTES ET FEN. *Etat*. 2337 $\times$ 0,158 ; 2337 $\times$ 0,024. On add. avec 2337.

Département. 2337 $\times$ 0,23 ; 537,51 $\times$ 0,024. On additionne.

Commune. On multiplie 2337 par 0,26; 0,039; 0,03; 0,05 et on addit., puis 885,72 par 0,024, et on addit. avec 885,72. Puis 906,98 par 0,03, et en addit. avec 906,98.

TOTAL (*dernière colonne verticale à droite*). On additionne sur chaque ligne *horizontale* les 3 nombres qui se trouvent dans les trois colonnes verticales intitulées *produit*, et on écrit la somme à droite. On fait cela pour toutes les lignes horizontales du haut en bas.

Montant général du rôle. Nous l'avons déjà indiqué (page 12).

Nous n'avons pas besoin d'expliquer les calculs indiqués. Le lecteur sait très-bien que chaque cent. add. indique 0,01 à prendre de la somme à laquelle il s'applique. Par suite, 26 centimes, 1re col. verticale, c'est 0,26 du principal 17272; 0^{c},8 c'est 0,008 du principal; 1e,8 c'est 0,018 du principal.

53. RÉP. Cette réponse est donnée au bas du tableau précédent n° 52 dans les 3 dernières colonnes horizontales. 1° *foncier.* Part de l'*Etat* par chaque fr. du montant du rôle : 0^{f},523 ; id. du *département* : 0,248 ; id. de la *commune* : 0,229. De même, d'après le tableau, pour le *personnel mobilier* et *les portes et fenêtres.*

RAISONNEMENT Supposons que le montant du rôle soit pour le *foncier*, 33632^{f}. La part de l'Etat sur 1 fr. de ce montant est 33632 fois plus petite qu'elle ne l'est sur le tout; c'est-à-dire 17582^{f},90 : 33632; plus exactem^{t} 17582^{f},90 : 33632.82. Même raisonnement et même calcul pour le foncier du départem^{t} et celui de la commune. Puis pour les deux autres contributions.

L'addition des trois fractions décimales pour chaque contrib. doit donner 1. Il convient de calculer chaque quotient avec 4 chiffres décimaux et de n'en garder que 3 en forçant le 3e de 1, là où le 4e est le plus fort, de manière que la somme des 3 fractions soit après cela égale à 1.

54. *Rép.*

	Etat.	Départ.	Commune.	Total.
Foncier	19^{f},63	9^{f},32	8^{f},65	37^{f},60
Pers. mobilier. .	24 ,12	11 ,46	10 ,62	46 ,20
Portes et fen. . .	6 ,58	3 ,12	2 ,90	12 ,60
Total.	50 ,33	23 ,90	22 ,17	96 ,40

A l'aide des résultats consignés au tableau du n° 52 il sera facile de trouver les réponses. En effet, dans les 37^f,60 du foncier, la part de l'Etat est 37^f,60 $\times$ 0,523 ; celle du département, 37^f,60 $\times$ 0,248 ; id. de la commune, 37^f,60 $\times$ 0,229. De même pour les autres contributions.

55.

		CEN-TIMES.	PRODUIT.	TOTAL.	
ÉTAT	Principal	»	1471f,00		
	Cent. génér.	15,8	232 ,42		1471^f $\times$ 0,158
	Total. . . .		1703 ,42		
	0,08 commune		117 ,68		1471^f $\times$ 0,08
	Reste. . . .		1585 ,74	1585f,74	
DÉPARTEMENT	C. départ^t	24,15	»	355 ,25	1471^f $\times$ 0,2415
COMMUNE	Sur principal	8	117 ,68		1471^f $\times$ 0,08
	Cent. comm.	41	603 ,11		1471^f $\times$ 0,41
	Total .		720 ,79	720 ,79	
	Montant du rôle.			2661,78	

56. RÉP. 0^f,039 ou 3 centimes $9/10$. Le principal des 4 contributions =, d'après les n°s 52 et 55, 17272^f + 3195^f + 2337^f + 1471^f = 24275^f ; 24275 $\times$ le n. de centimes = 950^f ; donc ce n. de centimes = 950^f : 24275.

57. *Rép.* 24 centimes $78/100$. Le revenu foncier 135692^f $\times$ x (n. de centimes) = 33632^f, 82, somme produite, d'après le n° 52 ; donc x = 33632,82 : 135692 = 0^f,2478 (voyez n° 52).

58. *Rép.* 56 centimes $22/100$. L'impôt personnel-mobilier doit produire en tout 6764^f,61 ; l'impôt personnel seul donne 1^f,95 $\times$ 577 = 1125^f,15 ; reste pour l'impôt mobilier, 5639^f,46

à répartir entre 10030ᶠ de cotes ; ce qui donne par franc
5639ᶠ,46 : 10030 = 0ᶠ,5622.

59 *Rép.*

| | | | En prenant pour bases les |

Maisons à 1 ouv. 0ᶠ,4566   nombres du tarif nᵒ 17, on trou-
   id. à 2 ouv. 0,6849   verait que l'impôt des portes et
   id. à 3 ouv. 1,3698   fenêtres produirait 2790ᶠ,15—0ᶠ,3
   id. à 4 ouv. 2,4352   × 12 + (0ᶠ,45 × 187) + (0ᶠ,90
   id. à 5 ouv. 3,8050   × 206) + (1ᶠ,60 × 109) + (2ᶠ,50
portes cochères 2,4352   × 73) + (1ᶠ,60 × 128) + (0ᶠ,60
ouvertures ord. 0,9132   × 3263). Mais il doit produire
4247ᶠ. 2790ᶠ,15 × x = 4247ᶠ ; x = 4247ᶠ : 2790,15 =
1,522. En multipliant par ce nombre 1,522 chacune des
données précédentes du tarif nᵒ 17, on a les réponses ci-dessus.
On vérifiera en s'assurant si les ouvertures, d'après le nouveau tarif, produisent la somme totale de 4247ᶠ.

60. *Rép.* 1456ᶠ,50. Augmᵒⁿ 0ᶜ,76 pour foncier, 1ᶜ,9 pᵣ
mobil., 5ᶜ pᵣ portes et fen., 6ᶜ pᵣ patentes. L'impôt de
6 cent. se calcule sur le *principal* (voy. nᵒ 51). En prenant
le chiffre aux nᵒˢ 52 et 55, on aura : pour foncier 17272ᶠ ×
0,06 = 1036ᶠ,32 ; pour mobilier 3195ᶠ × 0,06 = 191ᶠ,70 ;
pᵣ portes et fen., 2337ᶠ × 0,06 = 140ᶠ,22 ; pour patentes
1471ᶠ × 0,06 = 88ᶠ,26 ; total 1456ᶠ,50. Le revenu cadastral, devant produire 1036,32, est de 135692ᶠ ; les cotes mobi-
lières, qui doivent donner 191ᶠ,70, s'élèvent à 10030ᶠ. Les
portes et fenêtres, qui doivent payer 140ᶠ,22, montent à 2790ᶠ
d'après le tarif nᵒ 17. Le c. le fr. est (pᵣ *foncier*), 1036ᶠ,32 :
135692, (pᵣ *mobilier*), 191ᶠ,70 : 10030 ; (pᵣ *portes et fenêtres*),
140ᶠ,22 : 2790. Pour les patentes, il est naturellement de 0,06.

61. *Rép.* 3ᶠ,83. Cette personne est imposée aux contrib.
foncières, pers. mobil. et des portes et fenêtres dont le principal d'après le tableau du nᵒ 52 = 22804ᶠ. L'impôt de 0,06,
mis sur ces 4 contributions, produira 22804ᶠ × 0,06 =
1368ᶠ,24. Le produit total du nᵒ 52 devant être augmenté de
1368ᶠ,24, l'augmentation par franc (44644 fois moins grande)
= 0ᶠ,0306, et pour 125ᶠ = 0ᶠ,0306 × 125.

62. Pʀᴇsᴛᴀᴛɪᴏɴs.

63. AVERTISSEMENT DE PRESTATIONS POUR 1873.

M. *** *propriétaire à* *** *est imposé* pour :

3 j^ées de 3 hommes à 1^f,50 par jour	13^f,50
3 j^ées de 2 chev. attelés à 3^f par jour . . .	18 ,00
3 j^ées de 3 chev. n. attelés à 2^f,50 par jour.	22 ,50
3 j^ées de 2 ânes n. attelés à 1^f par jour. . .	6 ,00
Total. . . .	60 ,00

64. *Avertissement envoyé.*   *Prestation due.*

3 j^ées de 6 hom. à 1^f,50.	27^f,00	3 j^ées de 1 homme.		4^f,50
3 j^ées de 1 ch. att. à 3^f,00.	9 ,00	3 j^ées de 1 ch. att.		9 ,00
3 j^ées de 4 ch. n. att. à 2,50	30 ,00		Total.	13 ,50
Total.	66 ,00	Diff. 52^f,50.		

65. *Rép.* Transport à $\frac{1}{2}$ Km, 13^mc,472 ou 12^t,2 ; à 1 Km, 12^mc,597 ou 11^t,4 ; à 2 Km, 11^mc,022 ou 9^t,97 ; à 3 Km, 9^mc,797 ou 8^t,86, à 4 Km; 8^mc,818 ou 7^t,98. Le *mc* de cailloux coûte, à $\frac{1}{2}$ Km, 1^f,30 + 0^f,70 + 1^f,50 + 0^f,10 = 3^f,60 ; à 1 Km, 3^f,85 ; à 2 Km, 4^f,40 ; à 3 Km, 4^f,95 ; à 4 Km, 5^f,50. Pour 48^f,50, il faudra fournir 48,5 : 3,60 = 13^mc,472 à $\frac{1}{2}$ Km. Etc. La tomberée = 2,05 × 0,98 × 0,55 = 1^mc,10495, il faudra en fournir, dans le 1er cas, 13,472 : 1,105 = 12^t,2 ; etc.

66. TAXE SUR LES CHIENS.

67. *Rép.* 5 chiens, 1re catégorie, à 6^f . . . . . 30^f,00
        8 chiens, 2e catégorie, à 1^f,50 . . . 12 ,00
                 Total. . . . 42 ,00

Les chiens de la 2e catégorie payent 42^f × $\frac{2}{7}$ = 12^f ; ceux de la 1re, 42^f — 12^f = 30^f. Si les deux catégories payaient la même taxe, la plus forte, les sommes payées seraient 30^f et 12^f × 4 = 48^f ; total 78^f pour 13 chiens. La taxe la plus forte est donc 78^f : 13 = 6^f ; la plus faible, 6^f : 4 = 1^f,50.

68. Pour 1 chien à 1^f,75, il y a 3 chiens à 8^f payant ensemble 1^f,75 + 24^f = 25^f,75. En divisant, on trouve que la somme réellement payée 51^f,50 = 25^f,75 × 2. Il y a donc en tout 3 × 2 ou 6 chiens de la 1re catég. et 4 × 2 ou 8 chiens de la 2e. Faute de déclaration, le maître des chiens aurait payé 51^f,50 $\times$ 3 = 154^f,50, et pour déclaration incomplète 51^f,50 $\times$ 2 = 103^f.

69. IMPÔT SUR LES CHEVAUX ET VOITURES (TARIF)

70. *Rép.* A Paris, 1 voit. à 4 roues . . . 60^f,00 ⎫
id. 2 chev, à 25^f . . . . 50 ,00 ⎬ 110^f,00
2° résidence, 1 voit. à 2 roues. 10 ,00 ⎫
id. 2 chev. à 10^f. . . 20 ,00 ⎬ 30 ,00
5^c par franc. . . 7 ,00

Total. . . . 147^f,00

71. *Rép.* 17^f,50. Il paie dans la 1re commune 10^f + 10^f = 20^f ; il paiera dans la 2e commune 25^f + 20^f = 45^f ; diff. 25^f pour l'année, pour 8 mois 25^f $\times$ $^8/_{12}$ = 16^f,67, plus 0^f,83 (5^c par fr.).

72. *Rép.* 4^f,65. Poids en fer, 0^f,95 ; id. en cuivre 0^f,90 ; mesures en bois 0^f,47 ; id. en étain 0^f,95 ; balances 1^f,38.

73 *Rép.* 29^f,50. Perte 17^f,80 + 12^f,60 = 30^f,40 dont il faut déduire 0^f,90 qu'il aurait payés s'il avait obéi à la loi.

74. VINS ET BOISSONS. *Abréviation : d. déc.* (double décime).

75. DROIT DE CIRCULATION. *Classification des départements et taxes.*

76. *Rép.* 15^f,46. Lyon (Rhône) est dans la 3e zône de départements payant 2^f + 0^f,40 p^r d. déc. Le droit de circulation = 2^f,40 $\times$ 2,12 $\times$ 3 + le congé 0^f,20 (*).

77. *Rép.* 443^f.90. Rouen est dans la 4e zône payant par Hl, 2^f,40, plus 0^f,48 p^r d. déc. Le droit de circulation = 2^f,88 $\times$ 2,28 $\times$ 3 + 0^f,20 = 19^f,90 ; le transport = 34^f ; le prix du vin = 130^f $\times$ 3 = 390^f; total 443^f,90.

78. *Rép.* 690^f,40. Perte 85^f $\times$ 3 + 200^f + 250^f = 705^f dont il faut déduire les frais de la déclaration qu'il n'a pas faite : (1^f,60 + 0^f,32) $\times$ 2,50 $\times$ 3 + 0^f,20 = 14^f,60.

(*) Le coût des acquits-à-caution et passavants de toute sorte est élevé à 50^c timbre compris (à partir du 1er janvier 1874). En outre, il est perçu 0^f,25 en sus, au lieu de 0^f,20.

79. *Rép.* 7^{Hl},5.   Les droits seuls de circulation $= 14^f$,60, $- 0^f$,20 $= 14^f$,40. L'Hl paie pour Blois : 1^f,60 $+ 0$,32 $= 1^f$,92. Le nombre d'H$l = 14$,40 : 1,92.

80. *Rép.* 36^f,56.   Les bouteilles paieront $(0^f$,15 $+ 0^f$,03 $\times$ 170 $= 30^f$,60, le cidre paiera $(1^f + 0^f$,20) $\times 2$,4 $\times 2 = 5$,76 ; le congé est de 0^f,20.

81. *Rép.* 6^f,68 et 4^f,88; 2^f,72 et 1^f,50.   24 bouteilles paieront $(0^f$,15 $+ 0^f$,03) $\times 24 + 0^f$,50 $\times 24 \times 0^f$,18 $= 4^f$,32 $+ 2^f$,16 auxquels il faut ajouter 0^f,20 pour congé. 26 bouteilles paieront 0^f,18 $\times 26 + 0^f$,20.   80^l de cidre, à 27^f les 250^l ou à 0^f,108 le l., paieront 0^f,108 $\times 80 \times 0$,18 $+ (1^f + 0^f$,20) $\times$ 0,80 $= 1^f$,56 $+ 0^f$,96, auxquels il faut ajouter 0^f,20 de congé. 108^l de cidre paieront $(1^f$,20 $\times 1$,08$) = 1^f$,30 plus le congé de 0^f,20.

82. *Rép.* 14^f,35.   Somme payée $(1$,60 $+ 0$,32) $\times 2$,5 $\times 3$ $+ 0^f$,20 $= 14^f$,60. Dû légalement 0^f,25. Perte 14^f,35.

83. Droit de consommation des alcóols.

84. *Rép.* 2164^l,8; 3247^f,51.   Degrés d'alcool 88° $\times$ 615 $\times$ 4 $= 216480$° ou 2164^l,8 d'alcool à 100°. Droit perçu : $(125^f + 12$,5 $+ 12$,5$) \times 21$,65.

85. *Rép.* 375^f.   Absinthe : $(175^f + 35^f) \times 1$,75 $= 367^f$,50; liqueurs : 51° $\times 7 = 357$° ou 3^l,57 d'alcool pur payant $(175^f + 35^f) \times 0$,0357 $= 7^f$,50.

86. Droits d'entrée dans les villes (*).

(*) Les droits d'entrée sur les vins, cidres et poirés sont augmentés depuis le 1ᵉʳ janvier 1874.

Les chiffres des cinq premières colonnes du tableau du n° 86 sont remplacés par ceux-ci

Appliquez ce tarif aux exercices recommencés.

1ʳᵉ	2ᵉ	3ᵉ	4ᵉ	CIDRES etc.
0.45	0 60	0,75	0,90	0,40
0,70	0,90	1,35	1,35	0.60
0,90	1,20	1,50	1,80	0,75
1,15	1,50	1,90	2,25	1,00
1,35	1,80	2,25	2,70	1,15
1,60	2,10	2,25	3,15	1,35
1,80	2,40	3,00	3,60	1,50

87. 1re *Rép*. A Nantes 4f,70; à Lyon 5f,88 ; à Angers 4f,70; à Perpignan 2f,20; à Quimper 2f,65.   2o *Rép*. 8Hl,33; 8Hl,33; 8Hl,33 ; 12Hl,82 ; 20Hl,83.   Nantes (Loire-Inférieure) appartient à la 2e classe de départements et a plus de 50000 habitants ; l'Hl de vin y paie 1f,60 + 0,32 = 1f,92 ; les 2Hl,45, 1f,92 × 2,45, etc.   L'Hl de cidre y paie 1f + 0,20 = 1f,20; pour 10f, on y fera entrer (10 : 1,2)Hl = 8Hl,33 ; etc.

88. *Rép*. 3Hl,37 d'eau-de-vie et 2Hl,53 de cidre.   1Hl d'eau-de-vie à 45o = 0Hl,45 à 100o et paie (18f + 3,6) × 0,45 = 9f,72. 1Hl de cidre paie (0f,75 + 0f,15) = 0f,90. Pour 1Hl de cidre à 0f,90, il y a 1Hl 1/8 d'eau-de-vie à 9f,72 payant 12f,96; total 13f,86.   35f,10 : 13f,86 = 2,532. On paye 35f,10 pour 2Hl,532 de cidre et (2Hl,53) × (1 + 1/8) = 3Hl,376 d'eau-de-vie.

89. *Rép*. 25f,64.   Raisin : 250l × 8 = 2000l représentant (2000 × 2) : 3 = 1333l de vin qui paient à Tours (2e classe) (1f,4 + 0,28) × 13,33 = 22f,40. Pommes, 75Dl représentant (7,5 × 2) : 5 = 3Hl de cidre payant (0f,9 + 0,18) × 3 = 3f,24.

90. *Rép*. 101f,49 ; 17f,14.   Droits de consommation et circulation : la busse pesant plus de 21o paiera comme les eaux-de-vie 125f par Hl d'alcool pur ; elle contient 23o × 230 = 5290o ou 52l,90 d'alcool à 100o et paiera (1f,25 + 0,25) × 52,9 = 79f,35. Les 2 barriques paieront 1o pour droit de circulation (2f + 0,40) × 2,05 × 2 = 9f,84; 2o pour droit de consommation des 2o d'alcool dépassant le maximum (15o), elles devront (1f,25 + 0,25) × 4,10 × 2 = 12f,30; total 22f,14.   Droit d'entrée : la busse renfermant 52l,90 d'alcool pur paiera (0f,15 + 0,03) × 52,9 = 9f,52 ; les 2 barriques devront : 1o pour le vin (1f,25 + 0,25) × 4,10 = 6f,15; 2o pour les 8o,2 d'alcool pur : (0,15 + 0,03) × 8,2 = 1f,47; total 7f,62.

91.

	Entrée.	*Sortie.*
Vin.	245l × 20 = 49Hl	245l × 12 = 29Hl,4
Eau-de-vie.	1860l à 65o = 1209l à 100o	450l à 28o = 126 à 100o

Droits à payer.

Vin.	19ᴴˡ,60 à 2ᶠ,52	49ᶠ,40
Eau-de-vie.	10ᴴˡ,83 à 25ᶠ,20	272ᶠ,91
	Total	322ᶠ,31

Caen (Calvados) est compris dans la 4ᵉ classe des départements dont l'entrée est de 2ᶠ,10 par Hl pour le vin et de 21ᶠ pour l'alcool pur, plus le double décime.

92. *Rép.* 1ᴴˡ,1 pour le vin, et 12ˡ,7 pour l'alcool. La déduction pour le vin sera pour 3 mois de $0,07 \times 225 \times 28 \times 3 : 12 = 110^l$; pour l'alcool $0,065 \times 750 \times 95 : 365 = 12^l,7$.

93. Droit de remplacement a Paris (*).

94. *Rép.* 958ᶠ,52. L'Hl de vin paie $(8^f,50 + 1^f,70) = 10^f,20$; l'Hl d'alcool paie $(149^f + 29^f,80) = 178^f,80$. Le droit pour le vin $= 10^f,20 \times 2,4 \times 3 = 73^f,44$; celui pour l'eau-de-vie $= 178^f,80 \times 4,5 \times 2 \times 0,55 = 885^f,08$.

95. *Rép.* 97°,1. Le litre d'alcool pur paie $1^f,49 + 0^f,298 = 1^f,788$; pour payer 1067ᶠ,67, il faut entrer $1067,67 : 1,788 = 597^l,13$ d'alcool pur représentant 59713° d'alcool. 615ˡ représentant 59713°, 1ˡ représente $59713° : 615 = 97°,1$.

96. Licence, droit de détail. (Le droit de détail est $0^f,15 + 0^f,030 = 0^f,18$ par franc)

97. Licence, 1 trim., à 20ᶠ par an, plus le d. décime. 6ᶠ,00
Droit de détail sur 684ˡ à 0ᶠ,60 vendus 410ᶠ,4, à
 0ᶠ,18 par franc 73ᶠ,88
                         Total 79ᶠ,88

98. *Rép.* 128ᶠ,60. Le droit de détail à 0ᶠ,18 par fr. est $[1^f,80 \times 80 + 0^f,75 \times 245 \times 3] \times 0,18 = 125^f,15$ dont il faut déduire 3 p. 0/0 $= 3^f,75$. Reste 121ᶠ,40. La licence pour 3 mois $= 24^f : 4 = 6^f$, plus le d. déc. $= 1^f,20$. Total 128ᶠ,60.

(*) Ce droit a été élevé à partir du 1ᵉʳ janvier 1874 à 9ᶠ,50; 16ᶠ et 4ᶠ,75.

99. *Rép*. Non abonné il paie 154^f,70 ; abonné, il paierait 14^f,70 de *moins*.   Prix du vin vendu : (0^f,45 $\times$ 245 $\times$ 4) + (0^f,5 $\times$ 230 $\times$ 3) + (1^f,25 $\times$ 80) = 441^f + 345^f + 100^f = 886^f. Le droit de détail = 0^f,18 $\times$ 886 = 159^f,48 dont il faut déduire 4^f,78 pour remise de 3 p. 0/0 ; net 154^f,70.

100. *Rép*. 711^f,85.   Le vin saisi vaut (80^f : 250) $\times$ 720 = 230^f,40 ; la perte brute = 300^f + 250^f + 230^f,40 = 780^f,40. L'aubergiste a bénéficié des droits à percevoir sur 530^l de vin à 0^f,65, c'est-à-dire de 0^f,18 $\times$ 0^f,65 $\times$ 530 = 62^f,01, dont il faut déduire 1^f,86 pour la remise qu'on lui aurait faite ; reste 60^f,15 ; de la licence non payée = 28^f : 4 = 7^f, plus du d. décime 1^f,40. Total non payé 60^f,15 + 8^f,40 = 68^f,55 ; perte nette, 780^f,40 − 68^f,55.

101. TAXE UNIQUE.

102. Voici la taxe demandée pour chacune des villes de la 2e classe de départements, d'après le n° 86.

Droit d'entrée	0^f,40	0^f,60	0^f,80	1^f,00	1^f,20	1^f,40	1^f,60
Droit de détail	5 ,40	5 ,40	5 ,40	5 ,40	5 ,40	5 ,40	5 ,40
Total	5 ,80	6 ,00	6 ,20	6 ,40	6 ,60	6 ,80	7 ,00
D. décime (0,2)	1 ,16	1 ,20	1 ,24	1 ,28	1 ,32	1 ,36	1 ,4
Total	6 ,96	7 ,20	7 ,44	7 ,68	7 ,92	8 ,16	8 ,40

L'*Hl* de vin valant 90^f : 2,5 = 36^f, doit payer un droit de détail de 0^f,15 $\times$ 36 = 5^f,40   non compris le double décime que nous avons simplement ajouté aux deux droits réunis.

103. *Rép*. 52^f,22 ; 50^f,55 ; 48^f,88 ; 47^f,22 ; 45^f,55 ; 43^f,88 ; 42^f,22.   D'après le tableau n° 86, le droit d'entrée est, double décime compris, pour les villes de 3e classe : 0^f,60 ; 0^f,90 ; 1^f,20 ; 1^f,50 ; 1^f,80 ; 2^f,10 ; 2^f,40. Reste pour droit de détail : 9^f,40 ; 9^f,10 ; 8^f,80 ; 8^f,50 ; 8^f,20 ; 7^f,90 ; 7^f,60.   Le droit de détail étant 0^f,18 par fr., double déc. compris, pour qu'on paie 9^f,40 ; 9^f,10, etc., par Hl, il faut que l'Hl coûte 9^f,40 : 0,18 = 52^f,22 ; 9^f,10 : 0,18 = 50^f,55 ; etc.

104. *Rép*. 16^f,99 ; 9^f,92.   1er CAS. Ville soumise à la taxe unique : l'entrée est de (1^f,20 + 0^f,24) = 1^f,44 par Hl de vin,

soit 3f,24 pour 225l ; le droit de détail = 0f,18 × 75 = 13f,50 ; l'acquit 0f,25 ; total, 16f,99.   2° CAS. Ville non soumise à la taxe unique : droit de circulation : 2f,40 + 0,48 = 2f,88 par Hl, soit 6f,48 pour la pièce ; congé 0f,20 ; entrée 3f,24 comme ci-dessus ; total, 9f,92.

105. LICENCE, DROITS DE FABRICATION.

106. *Rép.* 5000 Hl. Droits, 18100f ; orge, 38449f,50 ; houblon, 3710f.   2563Hl,3 d'orge, donnent 1Hl,09 × 2563,3 = 2794Hl de malt ; ce malt produit : Hl (279400 : 55,88) = 5000 *Hl* de bière qui paieront 3f,60 × 5000 = 18000f de droit de fabrication. La licence est de 100f pour la Seine.   L'orge coûtera 15f × 2563,3 ; le houblon nécessaire, 0Kg,265 × 5000 = 1325Kg coûtera 2f,80 × 1325.

107. *Rép.* 68f,76. La contenance de la chaudière = (0,65)² × 3,1416 × 1,80 = 2388l ; la déduction = 2388 × 0,2 = 478l ; reste 1910l ou 19Hl,10 qui paieront 3f,60 × 19,10.

108. SELS.

109. *Rép.* Production 2f,36 ; transport, 3f,94 ; bénéfice, 9f,45 ; impôt, 15f,75.   Prix du Kg = 0f,20 ; le ménage en consomme : Kg (31,5 : 0,2) = 157Kg,5 dont le prix se décompose ainsi : 0f,015 × 157,5 ; 0f,025 × 157,5 ; etc.

110. *Mettez dans l'énoncé* 1f,60 *au lieu de* 2f,60. *Rép.* 1f,79 l'Hl.   L'épicier gagnant 32 p. 0/0 sur le prix de vente, paie (1f − 0,32) = 0f,68 ce qu'il vend 1f ; le Dl de sel lui coûte (0,68 × 1,6) = 1f,088. Le marchand en gros paie 1f ce qu'il vend 1f,08 ; il a dû payer le Dl de sel 1f,088 : 1,08 = 1f,007. Le transport coûte 0f,015 × 7,2 = 0f,108 ; l'impôt = 0f,10 × 7,2 = 0f,72 ; total, 0f,828. Il reste pour la fabrique 1f,007 − 0f,828 = 0,179 par Dl.

111. *Rép.* 1° Tourteaux, 600 Kg, sel, 3000 Kg. 2° Pulpe ou marc, 830Kg,800 ; sel, 2760Kg,200. 3° Peroxyde, 16Kg,3, tourteau 325Kg,7, sel, 3258Kg. 4° Peroxyde 17Kg,56, goudron, 70Kg,24, sel, 3512Kg,20. 5° sulfate de fer, 94Kg ; guano, 376Kg, sel 3130Kg. 6° plâtre, 179Kg ; engrais, 446Kg ; sel, 2975Kg.

1000^{Kg} de sel et 200^{Kg} de tourteaux donnent 1200^{Kg} de matières salines. Pour avoir 3600^{Kg} de matières salines, il faudra : tourteaux 200$^{Kg}\times$(3600:1200)=600^{Kg}; sel 3600^{Kg}—600^{Kg}. Etc.

112. TABACS.

113. *Rép.* 3^a,84. La plantation comptait (1200 : 1,5) = 800 pieds de tabacs qui occupaient (0,6 $\times$ 0,8) $\times$ 800 = 384 *mq* de terrain.

114. *Rép.* 0^m,52 en tous sens; 0^f,066 et 0^f,023. Chaque pied occupe 10000^{mq} : 36000 = 0^{mq},2777 ; $\sqrt{0,2777}$ = 0^m,52. La récolte vaut, dans le Nord, 1^f,20 $\times$ 2000 = 2400^f; le pied produit 2400^f : 36000 = 0^f,066 ; etc.

115. OCTROIS.

116. TARIF DES BOISSONS ET LIQUIDES.

117. *Rép.* Vins en cercles 66763003^f,50 ; vins en bouteilles 357512^f,50 ; bière 3601600^f ; alcool 26597872^f. En comptant le vin en bouteille comme le vin en cercles, nous trouvons 18^f,50 $\times$ 3608811 ; 18^f,50 $\times$ 19325 ; etc.

118. *Rép.* 2^f,16; 2^f,88; 3^f,60; 4^f,32; 5^f,04 ; 5^f,76. Le tarif des villes de 4000 à 100000 âmes est suivant le n^c 86, de 0^f,90 ; 1^f,20 ; etc.; le double = 1^f,80 ; 2^f,40 ; etc., auquel on ajoute le double décime : 0^f,36, 0^f,48 ; etc.

118 *bis. Rép.* 60°. Pour 1^{Hl} d'alcool à 1°, on paie 2^f,155 ; pour 84^l à 1°, on paie 2^f,155 $\times$ 0,84 = 1^f,81. Le n. de degrés des 85^l = 108,53 : 1,81.

119. *Rép.* 41^f,17. Pour la viande 0^f,1055 $\times$ 27 = 2^f,85 ; pour les poulets, 0^f,30 $\times$ 3,5 = 1^f,05. Pour les 90^{Kg} d'huile = (90 : 0,920^l) = 97^l,82, 0^f,38 $\times$ 97,82 = 37,17; timbre 0^f,10.

120. *Rép.* 46^f,31. La tare = 125^{Kg} $\times$ 0,105 = 13^{Kg},125; reste net 111^{Kg},875 = (111,875 : 0,92) = 121^l,6 d'huile : le droit d'octroi = 0^f,38 $\times$ 121,6 = 46^f,208 auquel il faut ajouter 0^f,10 pour timbre.

121. *Rép.*

Bœufs	5^f	6^f	8^f	10^f	12^f	14^f
Moutons	2	2,60	3	3,40	4	4,60
Chèvres	0,70	0,90	1	1,10	1,30	1,60
Veaux	3,40	4,53	5,67	8,00	9,06	9,06
Porcs	3,12	4,44	5,70	7,20	7,40	9,60

Voici le raisonnement pour la 1re ville. *Bœufs*, 50^{kg} morts paient 2^f,50 comme 100^{kg} vivants, et 100^{kg} morts, 2^f,50×2 = 5^f; etc. *Moutons et chèvres, idem.* *Veaux*, 75^{kg} morts paient 2^f,55 comme 100^{kg} vivants; 1^{kg} mort, 2^f,55 : 75, et 100^{kg} morts, 255^f : 75 = 3^f,40. Etc. *Porcs*, 83^{kg},33 morts paient 2^f,60 comme 100^{kg} vivants, et 100^{kg} morts (2^f,60 : 83,33) × 100 = 260^f : 83^f,33 = 3^f,12. Etc.

122. *Rép.* 8^f,49; 6^f,66. Le volume du cotret de Briare = 0,395 × 0,395 × 0,318 × 1,14 = 0^{mc},0566; 100 cotrets = 5st,66 et paient 1^f,50×5,66. Le volume du cotret d'Orléans = 0,35 × 0,35 × 0,318 × 1,14 = 0^{mc},0444; 100 cotrets = 4st,44 et valent 1^f,50 × 4,44.

123. *Rép.* 0^f,428 : 0^f,648. 1st ou 584^{kg} payant 2^f,50, 100^{kg} paieront (2^f,50 : 584) × 100. 56 pieds cubes pesant 800^{kg}, le st, qui vaut 27 pieds cubes, pèsera (800 : 56) × 27 = 385^{kg},7; les 100^{kg} paieront (2^f,50 : 385,7) × 100.

124. *Rép.* 57^f,99. Volume d'un sac de charbon 0,7 × 0,7 × 0,31831 × 1,32 = 0^{mc},20588; volume des 48 sacs 0^{mc},20588 × 48 = 9^{mc},882 = 98^{Hl},82 qui paieront 0^f,50 × 98,82 = 49^f,41. Volume du tombereau 2,2 × 1.25 × 0,52 = 1^{mc},430 = 14^{Hl},30 lesquels paieront 0^f,60 × 14,30 = 8^f,58. Total 49^f,41 + 8^f,58.

125 *Rép.*

Charbon de bois.	0^f,50	1^f,00	1^f,25	1^f,75	2^f,00	2^f,00	2^f,50
Charbon de terre.	0,133	0,266	0,333	0,40	0,40	0,40	0,80
Avoine.	0,777	1,00	1,222	1,777	2,00	2,555	1,25
Orge.	0,31	0,468	0,703	0,781	1,25	1,562	1,60

Le prix et le poids de l'Hl étant donnés, on cherche le prix du Kg, puis de 100^{kg}. Ex. 1^{Hl} ou 20 ^{kg} de charbon de

bois payant 0ᶠ,10 ; 0ᶠ,20 ; 0ᶠ,25 ; etc. les 100ᴷᵍ paieront (0ᶠ,10 :
20) × 100 = 0ᶠ,10 × 100 : 20. Etc.

126. *Rép.* 2600 Kg de foin et 1300 Kg de paille. Le timbre
de 0ᶠ,10 déduit, il reste 17ᶠ,55 de droit net. Avec 100ᴷᵍ de
paille payant 0ᶠ,35 (tarif 4º), le charretier a entré 200ᴷᵍ de foin
payant 0ᶠ,50×2=1ᶠ ; total 1ᶠ,35. Pour 17ᶠ,55=1ᶠ,35×13,
il a entré 100ᴷᵍ × 13 de paille, et le double de foin.

127. *Rép.* 3700 grandes et 7400 petites. Le timbre de
0ᶠ,10 déduit, il reste 33ᶠ,30 de droit net. Or, pour 11100 grandes
ardoises, le droit serait 0ᶠ,004 × 11100 = 44ᶠ,40, c'est-à-dire
11ᶠ,10 de plus. On paie 4ᶠ — 2ᶠ,50 ou 1ᶠ,50 de moins par
mille pour les petites ardoises ; pour payer 11ᶠ,10 de moins,
on a dû entrer un n. de petites ardoises =1000×(11,10 : 1,5)
= 11100 : 1,5 = 7400, et 11100 — 7400 grandes ardoises.

128. *Rép.* Bois dur 5ᶠ,83 ; bois tendre 9ᶠ,38 ; quittance 0ᶠ,10 ;
total 15ᶠ,31. Volume du chêne = 0,27 × 0,27 × 6,60
= 0ᵐᶜ,4811 ; vol. du châtaignier = 0,33 × 0,33 × 4,2 =
0ᵐᶜ,4574 ; volume du frêne = 0,27 × 0,25 × 5,3 = 0ᵐᶜ,3577 ;
volume total : 1ᵐᶜ,2962 à 4ᶠ,50 le *mc.* Volume des 3 sapins
(0,86 : 4)² × 12,5 × 3 = 1ᵐᶜ,7334 ; volume des 2 peupliers
=(1,25:4)² ×9,6×2=1ᵐᶜ,875 ; volume total 3ᵐᶜ,6084 à 2ᶠ,60.

129. *Rép.*

Paris.

Chaux en pierre.	3000ᴷᵍ à 0ᶠ,01 . . .		30ᶠ,00
Chaux hydraulique.	700 à 0ᶠ,01 . . .		7 ,00
Pierre dure.	1ᵐᶜ,568 à 2ᶠ . . .		3 ,14
Pierre tendre.	17ᵐᶜ,374 à 1ᶠ,60 . .		27 ,80
Briques.	17 mille à 5ᶠ,75 . .		97 ,75
	Total. . .		165 ,69

Ville de 35000 habitants.

Chaux en pierre	3000ᴷᵍ à 0ᶠ,004. . .		12ᶠ,00
Chaux hydraulique	700 à 0ᶠ,004. . .		2 ,80
Pierre dure	1ᵐᶜ,568 à 3ᶠ . . .		4 ,70
Pierre tendre	17ᵐᶜ,374 à 2ᶠ,40 . .		41 ,70
Briques	17 mille à 3ᶠ . . .		51 ,00
	Total. . . .		112ᶠ,20

Le volume des pierres dures $= 0,8 \times 0,4 \times 0,35 \times 14 = 1^{mc},568$; celui des pierres tendres $= 0,65 \times 0,33 \times 0,30 \times 270 = 17^{mc},374$. Le prix de ces dernières $= 2^f \times {}^4/_5$ et $3^f \times {}^4/_5$. Il ne reste plus qu'à chercher la valeur des matériaux d'après les prix du tarif.

130. *Rép*. Il donnera $65^f,74$; on lui rendra $65^f,64$.   D'après le tarif n° 4 (4ᵉ colonne), il devra, pour l'avoine, $0^f,8 \times 75 = 60^f$; pour le foin $0^f,55 \times (12,5 \times 82) : 100 = 5^f,640$ plus le timbre de $0^f,10$. Cette dernière somme ne lui sera point rendue.

131. *Rép*. $20^f,81$.   Poids entré, $87^{Kg} \times 7 = 609^{Kg}$; déduction, $6^{Kg},09 \times 1,5 = 9^{Kg},135$; reste net $599^{Kg},865$. Poids consommé $599^{Kg},865 - (275 + 80) = 244^{Kg},865$ payant $8^f,50$ par 100^{Kg}.

132.

	Hl (*vin*).	Hl (*cidre*).	Hl (*alcool*).	250ˡ (*vin*).
4000 à 6000 hab.	$2^f,76$	$1^f,80$	$19^f,20$	$10^f,50$
6001 à 10000 —	2 ,94	1 ,98	22 ,80	10 ,95
10001 à 15000 —	3 ,12	2 ,10	26 ,40	11 ,40
15001 à 20000 —	3 ,30	2 ,28	30 ,00	11 ,85
20001 à 30000 —	3 ,48	2 ,40	33 ,60	12 ,30
30001 à 50000 —	3 ,66	2 ,58	37 ,20	12 ,75
50001 et plus —	3 ,84	2 ,70	40 ,80	13 ,20

On trouve les réponses inscrites dans les 3 premières colonnes en additionnant les droits d'octroi respectifs $2^f,40$; $1,50$; 12^f, et les droits d'entrée correspondants du n° 86 augmentés du double décime. Pour trouver les réponses de la 4ᵉ colonne, on calcule d'abord le droit de circulation de $250^l = 2^{Hl},5$ de vin dans les départements de la 1ʳᵉ classe (n° 75) $= 1^f,20 \times 2,5 = 3^f,60$ qui est le même pour toutes les villes considérées. On multiplie chaque nombre de la 1ʳᵉ colonne par $2,5$; ce qui donne le droit d'entrée et d'octroi réunis, et on ajoute à chaque produit le 3ᵉ droit $3^f,60$.

133. *Rép*. $22^f,25$; $22^f,87$; $23^f,48$; $24^f,09$; $24^f,70$; $25^f,31$; $25^f,93$.   En ajoutant au droit d'octroi, $2^f,60$, chaque droit d'entrée indiqué dans la 2ᵉ colonne du tableau 86 (augmenté du d. décime), on a $3^f,08$; $3^f,32$; $3^f,56$; $3^f,80$; $4^f,04$; $4^f,28$;

4^f,52 pour ces deux droits réunis par Hl ; pour 2^{Hl},55 que renferme la pièce, on aura 7^f,85 ; 8^f,47 ; 9^f,08 ; 9^f,69 ; 10^f,30 ; 10^f,91 ; 11^f,53. Le droit de détail de la pièce de vin $= (0^f,15 + 0,03) \times 80 = 14^f,40$ qu'on ajoute successivement à 7^f,85 ; 8^f,47 ; etc.

134. *Rép.* 239^l,4. L'Hl de vin paye, pour entrée : (n° 86) 1^f,44, d. décim. compris ; pour octroi 3^f,20 ; pour détail (n° 96) $0^f,18 \times 28 = 5^f,04$, d. déc. compris ; total 9^f,68. Pour payer 23^f,18, il a fallu entrer Hl $(23,18 : 9,68) = 2^{Hl},394$.

135. ERRATUM, 1re *édition.* Au lieu de 3 bouteilles de vin, mettez 3 bout. de cidre. *Rép.* 18^f,92 ; 0^f,09 ; 14^f,37. La taxe perçue à Paris, d'après le tarif du n° 116, comprend les droits d'octroi dus à la ville et ceux de remplacement du n° 93. En déduisant ces derniers (augmentés du d. décime). il reste pour octroi net, par Hl : vin, 8^f,30 ; cidre, 3^f ; alcool, 36^f,70. La part de la ville sera, pour le vin, de $8^f,30 \times 2,28$; pour le cidre, de $3^f \times 0,03$; pour les 87^l d'eau-de-vie à 45°, représentant 39^l,15 d'alcool à 100°, de $36^f,7 \times 0,3915$.

136. *Rép.* 291^l,6 ; 29^f,75 ; 24^f,20. L'Hl payant 18^f,50, pour payer 53^f,95 (timbre déduit) il a fallu entrer $(53,95 : 18,5)$ Hl $= 2^{Hl},916$. Dans 18^f,50, il y a 10^f,20 (d. déc. compris) de droit de remplacement dû à l'Etat et 8^f,30 de droit net d'octroi revenant à la ville. Les 2^{Hl},916 entrés ont rapporté à l'Etat $10^f,20 \times 2,916$, et à la ville, $8^f,30 \times 2,916$.

137. POSTES.

138. *Rép.* Pour 10^g il faut, en bronze, 0^f,10 ; en argent, 2^f
       Pour 20^g id.   0 ,20   id.   4^f
       Pour 50^g id.   0 ,50   id.   10^f
1^c de monnaie de bronze pèse 1^g et 1^f de monnaie d'argent, 5^g.

139. *Rép.* 0^f,40. 0^f,08 en bronze pèsent 8^g ; 1^f,20 en argent, 6^g ; total 14^g. De 10^g à 20^g l'affranchissement coûte 0^f,40.

140. *Rép.* 0^f,40 ou 0^f,60. Poids de la lettre, $7^g + 10^g + 6^g,45 = 23^g,45$ compris entre 20^g et 50^g.

140 *bis*. *Rép.* 1^{cl},5 à 3^{cl} d'eau.   La lettre pèse de 15^g à 30^g) c'est-à-dire le poids de 0^l,015 à 0^l,030 ou 1^{cl},5 à 3^{cl} d'eau.

141. TRANSPORT DES VALEURS ET DE L'ARGENT.

142. *Rép.* 1^f,20.   Poids : 3^g,225 + 12^g,50 + 5^g = 20^g,725 compris entre 20^g et 50^g. Affranchis. 0^f,70 ; chargement, 0^f,50.

143. *Rép.* 0^f,30.   Poids de la lettre 15^g payant 0^f,40 d'affranchiss. ; chargement 0^f,50 ; droit sur 900^f à 2 p. % = 1^f,80 ; total dû, 2^f,70. A rendre 0^f,30.

144. *Rép.* 150^f.   0^{dl},5 d'eau pèsent 50 g. poids de 50^c en bronze. Le 5e de 50^g = 10^g est le poids de 2^f en argent. Donné 2^f ; rendu 50^c ; port payé, 1^f,50. La montre vaut 100 fois plus, c'est-à-dire 150^f.

145. ERRATUM. *Le droit sur les articles d'argent n'est plus que de 1 p. %.* Nous comptons 1 p. % dans nos solutions.

Rép. 47^f,46.   En déduisant 0^f,40 pour affranchissement de la lettre et 0^f,25 pour timbre du mandat on trouve 47^f,94 pour la somme envoyée et le droit de 1 pour %.   47,94 = la somme envoyée × (1,01) ; la s. env. = 47^f,94 : 1,01.

146. *Rép.* 95^f,94.   Affranchissement et timbres déduits (0^f,25 + 0^f,25), il reste 96^f,90. Pour 1^f,01, droit compris, on envoie 1^f ; pour 96^f,90 on a envoyé 96^f,90 : 1,01.

147. *Rép.* 7^f,75.   Les frais = 0^f,13 × 9,30 = 1^f,209. Timbre et affranch. (0^f,50) déduits, il reste 0^f,709 pour droit de 1 p. % de la somme envoyée qui est par suite 70^f,90. Prix total de l'étoffe, 72^f,11 et du *m.* 72^f,11 : 9,3.

148. TRANSPORT D'OBJETS DIVERS. *Erratum.* Le poids maximum des échantillons, papiers d'affaires, etc. (n° 149) est 300^g et non 500^g. (Corrigez) (*).

(*) DROITS NOUVEAUX (*à partir du* 1er *janvier* 1874).
Echantillons du commerce seulement, 15^c pour 50^g et au-dessous ; puis 5^c par 50^g ou fraction de 50^g en-sus.
Livres. prospectus, etc 2^c pour 5^g et au-dessous ; 3^c de 5 à 10^g ; 4^c de 10 à 15^g ; 5^c de 15 à 40^g ; 10^c de 40^g à 80^g. Puis 3^c par 20^g ou fraction de 20^g en sus. Appliquez ce tarif à la question 151.

149. *Rép.* $0^f,50$. Pour 1 cl. d'av., il y a $1^{cl}\,{}^1/_3 = {}^4/_3{}^{cl}$ de blé et ${}^4/_3{}^{cl} + {}^4/_{18}{}^{cl} = 1\,{}^1/_9{}^{cl}$ d'orge ; total ${}^{35}/_9{}^{cl}$. Mais le total réel est 14^{cl}. En divisant, on trouve que $14 = {}^{35}/_9 \times 3,6$. La quantité réelle d'avoine est donc $1^{cl} \times 3,6 = 3^{cl},6$; id. de blé, $3^{cl},6 \times {}^4/_3 = 4^{cl},8$; id d'orge, $4^{cl},8(1 + {}^1/_6) = 5^{cl},6$. D'ailleurs 100^l d'av. pèse 48000^g ; 1^l, 480^g ; 1^{cl}, $4^g,80$; $3^{cl},6$, $4^g,80 \times 3,6 = 17^g,28$. On trouve de même que le blé pèse $7^g,8 \times 4,8 = 37^g,44$; l'orge $6^g,5 \times 5,6 = 36^g,40$. Poids total des 3 semences, $91^g,12$; poids du sac $45^g,56$; poids transporté $136^g = 50^g + 50^g + 36^g$, payant d'après le tarif, $30^c + 10^c + 10^c = 50^c$.

150. *Erratum.* 1re édition. Mettez 2^f au lieu de $1^f,90$.

Rép. de 100^g à 150^g. En comparant le tarif des lettres (n° 138) et celui des échantillons (n° 149), on trouve qu'un paquet de papier de 100 à 150^g paie $2^f,50$ non affranchi, et $0^f,50$ affranchi comme papiers d'affaires ; différence 2^f.

151. *Rép.* $0^f,20$. L'ouvrage vaut $18^f : 12 = 1^f,50$, et net $1^f,50 - 1^f,50 \times 0,10 = 1^f,35$. Il pèse 135^g et paie pour 140^g une taxe de 20^c, composée de 11^c pour les 50 premiers gr. et 9^c pour les 90^g suivants.

152. Enregistrement.

153. Tarif de quelques droits d'enregistrement (*).

154. *Achat. Quittance.*

Droit	$206^f,80$	$18^f,80$
d. déc.	$41,36$	$3,76$
Total	$\overline{248,16}$	$\overline{22^f,56}$

155. Fermage. $850^f \times 12 + (15 \times 2 \times 12)$.

Droit	$10560^f \times 0,002$	$21^f,12$
double décime		$4,22$
Total :		$\overline{25,34}$

156. *Rép.* $46^f,66$; $0^f,215$. Les droits ont été calculés sur $45^f \times 27 \times 16 = 19440^f$; ils ont été de $19440^f \times 0,002 =$

(*) Dans les ex. qui suivent, nous avons calculé les droits sur des sommes rondes de 20^f (voyez *nota* du n° 153) et ajouté 2 décimes par franc en sus, bien que depuis le 1er janvier 1874, il soit perçu $0^f,15$ au lieu de 2 décimes par franc.

38^f,88 pour le droit principal et de 38^f,88 $\times$ 0,2 pour le d. décime. Dépense moyenne par Ha et par an, (46^f,66 : 8) : 27.

157. *Rép.* 210^f.   Droit annuel, 2^f,02 : 4 = 0^f,505. Droit perçu par franc, 0^f,002 + 0,0004 = 0^f,0024. Le droit, 0^f,505 = 0^f,0024 $\times$ le loyer = 0^f,505 : 0,0024 = 210^f.

158. *Rép.* 278^f,40. 0^f,52. . Frais accessoires aux 11500^f ; 0^f,65 $\times$ 75 + 0^f,025 $\times$ 1800 = 93^f,75 Droit d'enreg^t perçu : 11600^f $\times$ 0,02 + le double décime = 232^f + 46^f,40. Total des frais, 372^f,15. Moyenne par arbre, 372^f,15 : 715 = 0^f,52.

159. *Rép.* 52^f,80 ; 13^f,20; 6^f,60.   Prix de la récolte, 575^f $\times$ 3,80 = 2185^f. Somme empruntée, 1092^f,50. Adjudication sur 2200^f à 2 p. %; obligation, 1100^f à 1 p. %; quittance 1100^f à 0,50 pour % ; (plus d. décime pour chaque article).

160. *Rép.* 39^f,00.   Revenu 1850^f $\times$ 0,035 = 64^f,75 ; 20 fois le revenu = 1295^f. On paye le droit de 2,5 p. % plus le double décime sur 1300^f.

161. *Rép.* 147^f,00.

Revenu 2500 $\times$ 0,045 $\times$ 20	2250^f.
Droit d'échange sur 2260^f à 2,50 p. %	56^f,50
D. décime	11 ,30
Total	67 ,80
Soulte 3700 — 2500 = 1200^f.	
Droit de soulte à 5,50 p. %	66^f,00
D. décime.	13 ,20
Total	79 ,20

Total des droits : 147^f,00.

162. *Rép.* 500 et 900^f. Droits à payer par chacun : 430^f,16 ; 362^f,96 ; 362^f,96.   Chaque part = 27900^f : 3 = 9300^f sur lesquels il manque au 2e, 500^f et au 3e, 900^f.   Revenu 27900^f $\times$ 0,025 $\times$ 20 = 13950^f. Droit sur 13960^f à 6^f,50 p. % plus le d. décime = 1088^f,88. Part de chaque héritier 1088^f,88 : 3 = 362^f,96. Le 1er a pour 1400^f de plus de bien que les autres, il paiera en outre une soulte de 1400^f $\times$ 0,04 plus le déc.

163. (*)   *Apport de l'époux.*

Argent : 2700ᶠ 5ᶠ,00
Bien du père : (5000 × 0,025 × 20)à 2,75 p. % .   68,75
Argent de l'oncle : 2000ᶠ à 4,5 p. %   90,00
                              Total   163,75

                   Apport de l'épouse.

Mobilier, 3750ᶠ à 1,50 p. % inf. à 500ᶠ. . . .   5ᶠ,00
Argent du père 15000 à 1,25 p. %   187,50
Bien du fr. (3000ᶠ × 0,025 × 20) à 4,5 p. % . .   67,50
                              Total.   260,00

Droit principal 163ᶠ,75 + 260ᶠ,00 = 423ᶠ,75 ; d. décime
84ᶠ,75 ; total 508ᶠ,50.

164. *Etat estimatif des biens meubles et immeubles situés
commune de ..... composant la succession de M..... décédé le ...
à ... et dont M.... son fils est l'unique héritier.*

Meubles. 1280ᶠ,00
Immeubles: maison 6500ᶠ, revenu   150ᶠ,00
   Id.   terre 3ᴴᵃ,05 à 2800ᶠ, revenu 213,50
                 Revenu capitalisé 363,50×20   7270,00
                              Total. 8550ᶠ,00

Droit principal, sur 8560ᶠ à 1 p. % 85ᶠ,60
              d. décime 17ᶠ,12
                              Total. . . .   102,72

165. *Etat estimatif des biens meubles et immeubles situés
commune de ..... composant la succession de M..... décédé le ...
à ... et dont M.... son neveu est l'unique héritier.*

(*) Les apports personnels des époux, en *contrat de mariage,*
paient 5ᶠ jusqu'à 5000ᶠ, 10ᶠ jusqu'à 10000ᶠ, 20ᶠ jusqu'à 20000ᶠ, puis
20ᶠ en sus par 20000ᶠ en plus.

Meubles :		Immeubles :	
Lit	248^f,00	Vigne, 27^a à 24^f = 648^f	
Armoire	76 ,00	Rapport à 5 p. %	22^f,68
2 tables	27 ,00	Terre 137^a à 15^f = 2055	
8 chaises	19 ,00	Rapport à 2,25 p. %.	46 ,24
14 draps	91 ,00	Rev. capitalisé	68^f,92×20
30 serviettes	20 ,00		= 1378^f,40
Vêtements	107 ,00	Report des meubles	664
Ustensiles	76 ,00	Total	2042^f,40
A reporter	664 ,00	Droit. 6,5 p. % sur 2060^f	133 ,90
		Double décime	26 ,78
		Total	160^f,68

166. *Rép.* 900 timbres. $\frac{1}{2} + \frac{1}{3} = \frac{3}{6} + \frac{2}{6}$. $\frac{3}{6}$ de la somme sont en or, $\frac{2}{6}$ en argent, $\frac{1}{6}$ en bronze. Sur 6^f, il y a donc 3^f en or pesant 0^g,32258 × 3 = 0^g,96774; 2^f en argent pesant 10^g; et 1^f ou 100^c en bronze pesant 100^g; total 110^g, 96774. En divisant 1664^g,52 par 110,96744, on trouve le quotient 15. La somme payée égale donc 15 fois 6^f = 90^f, et le n. des timbres = 90 : 0,10 = 900.

167. (*Toutes les feuilles indiquées paient maintenant $\frac{1}{2}$ droit en sus*). *Rép.* 50 feuilles de 1^f ; 50 de 50^c; 60 de 40^c ; 75 de 30^c ; 100 de 20^c et 150 de 10^c. D'après l'énoncé le nombre des f. de 50^c doit être divisible par 5. Supposons 5 f. de 1^f et 5 de 50^c; il y aura 5 + $\frac{1}{5}$ de 5 = 6 f. de 40^c. Mais le n. des f. de 40^c doit être divisible par 4. Doublons 6 ; supposons 10 f. de 1^f, 10 de 50^c et 12 de 40^c. Il y aura 12 + $\frac{1}{4}$ de 12 = 15 f. de 30^c; 15 + $\frac{1}{3}$ de 15 = 20 f. de 20^c, et 20 + $\frac{1}{2}$ de 20 = 30 f. de 10^c. Mais les 10 f. + 10 f. + 12 f. + 15 f. + 20 f. + 30 f. valent 10^f + 5^f + 4^f,80 + 4^f,50 + 4^f + 3^f = 31^f,30; la somme dépensée 156^f,50 : 31^f,30 = 5. Les nombres de f. achetées sont donc 5 fois plus grands.

168. BUREAU DES HYPOT.

169.

Transcrip. de l'acte et insc. hyp.

Droits sur 2480ᶠ à 1ᶠ,50 p. ⁰/₀₀ . . .	3ᶠ,72
Décimes.	0 ,74
Salaire, 4 rôles ½ à 0ᶠ,50	2 ,25
Timbre du registre.	3 ,47
Inscription 1 p. ⁰/₀₀ et d. déc. . . .	2 ,98
Salaire du conservateur	1 ,00
Timbre du registre.	0 ,25
Dépôt.	0 ,45
Bulletin.	0 ,05

Radiation de l'inscription.

Salaire du conservateur . . .	1 ,00
Dépôt	0 ,25
Total. . .	16ᶠ,16

170. *Honoraires des notaires.*

171.

Acte de vente.

Timbre de la minute. . .	1ᶠ,80
Honoraires. . . .	24ᶠ,00
Expéd. sur 7 rôles.	10 ,50
id. 4 feuilles de 1ᶠ,80	7 ,20
Dépôt de l'acte et retrait	4 ,50

Quittance.

Timbre de la minute.	0 ,60
Honoraires. . . .	6 ,00
Mention de quittance	2 ,00
Copie pour radiation.	3 ,30
Total. . . .	59ᶠ,90

172. *Rép.* 80000ᶠ. 1 p. ⁰/₀ sur 10000ᶠ = 100ᶠ,00 ; ½ p. ⁰/₀ sur 40000ᶠ = 200ᶠ ; total 300ᶠ sur 50000ᶠ. 375ᶠ — 300ᶠ = 75ᶠ. Au-dessus de 50000ᶠ, cent fr. donneront 0ᶠ,25 d'honoraires, et 1ᶠ donne 0ᶠ,0025 75 : 0,0025 = 30000ᶠ. Prix d'adjudication, 10000ᶠ + 40000ᶠ + 30000ᶠ.

173. EMPRUNTS SUR HYPOTHÈQUES.

174. *Dépenses résultant d'un emprunt.* L'élève fera le compte du livre et remplacera les ⸗ par les sommes suivantes :

Enreg. obl.... 5ᶠ ; décimes... 1ᶠ,00 ; expéd. 2 rôles... 3ᶠ. Droit prop... 0ᶠ,50 ; décimes... 0ᶠ,10 ; coût de 2 états... 4ᶠ. Report 28ᶠ,50 : Enreg. quitt.... 2ᶠ,50 ; décimes... 0ᶠ,50. Total, 41ᶠ,60. Intérêts de 3 ans... 75ᶠ. L'emprunt coûtera, 116ᶠ,60.

175. Cout d'un procès.

1er *jugement*.

ANTOINE.

Citation	60ᶠ,50
3 journées à 3ᶠ,50	10 ,50
Consultation.	5 ,00
Perte	76ᶠ,00

LOUIS.

3 journées à 3ᶠ,50.	10ᶠ,50	
Consultation	5ᶠ,00	15ᶠ,50
Déduire : 0ᵃ,96 terre à 8ᶠ		7 ,68
Perte		7ᶠ,82

2ᵉ *jugement* (tribunal civil).

ANTOINE.

Frais précédents	76ᶠ	
Id. particuliers.	35ᶠ	111ᶠ,00
Déduire valʳ terre		7 ,68
Perte		103 ,32

LOUIS.

Frais du 1er jugement	15ᶠ,50
Frais taxés.	125 ,00
Frais particuliers	35 ,00
Total . . .	175ᶠ,50

3ᵉ *jugement* (cour d'appel).

ANTOINE.

Frais précédents	111ᶠ,00
Frais taxés.	510 ,00
Frais particuliers.	70 ,00
Perte définitive. . .	691 ,00

LOUIS.

Frais précédents	175ᶠ,50	
Frais particuliers	70 ,00	245ᶠ,50
Terrain à déduire		7 ,68
Perte définitive		237 ,82

176. ASSURANCES, ASSURANCES A PRIMES FIXES.

177. REMARQUE. L'impôt sur les assurances est de 8 p. %, plus le d. décime; en chiffres ronds 10 p. % ou 0,1 de la prime. Nous comptons donc 0,1 d'impôt dans toutes nos solutions.

178. Rép. $5^f,02$. Maison : $7600^f \times 0,0003 = 2^f,28$; mobilier $3800^f \times 0,0006 = 2^f,28$; total : $4^f,56$, auquel on ajoute pour impôt : $4,56 \times 0,10 = 0^f,46$.

179. Rép. $22^f,76$. Je dois 1° pour maison : $17400 \times 0,0003 = 5^f,22$; 2° pour mobilier : $5000^f \times 0,0006 = 3^f,00$; 3° pour grange : $2400^f \times 0,0013 = 3^f,12$; 4° pour récoltes $2000^f \times 0,0012 = 2^f,40$; 5° pour matériel : $4700^f \times 0,0009 = 4^f,23$; total $17^f,97$. Je dois en outre : impôt $17^f,97 \times 0,1 = 1^f,79$; plaque 3^f.

180. Rép. $769^f,55$. Le foin pèse $70^{Kg} \times 87,5 \times 2 = 12250^{Kg}$ et vaut $0^f,085 \times 12250 = 1041^f,25$. Le vol. de la meule de blé $= (7,625)^2 \times 0,31831 \times 3,7 = 68^{mc},47479$ pesant $90^{Kg} \times 68474 = 6162^{Kg},73$. Sur $3^{Kg},25$ il y a 1^{Kg} de grain et $2^{Kg},25$ de paille ; le grain pèse $(6162,73 : 3,25) \times 1 = 1896^{Kg}$ et il vaut $(?3^f : 75) \times 1896 = 581^f,44$; la paille pèse $(6162,73 : 3,25) \times 2,25 = 4266^{Kg}$ et vaut $0^f,045 \times 4266 = 191^f,97$. Valeur totale assurée $1041^f,25 + 581^f,44 + 191^f,97 = 1814^f,66$. Prime à payer pour 8 mois $\frac{1}{2} = 1814^f,66 \times 0,003 \times {}^{17}/_{24} = 3^f,86$. L'assuré recevra $773^f,41$ pour la meule de blé, moins $3^f,86$ qu'il doit.

181. Rép. Il recevra $1948^f,71$ et perdra $1829^f,34$. Pour la valeur totale de la maison, 7800^f, (s'il l'avait *assurée*), le propriétaire toucherait toute sa perte 3800. Pour 1^f, il toucherait $3800^f : 7800$. Pour 4000^f assurés, il touche seulement $(3800 : 7800) \times 4000 = 1948^f,71$. Perte brute $3800^f - 1948,71 = 1851^f,29$.

Économie sur la prime pendant 7 ans : $3800^f \times 0,00075 \times 7 = 19^f,95$ plus l'impôt de $0,1 = 2^f$; en tout $21^f,95$. Perte nette : $1851^f,29 - 21^f,95$.

182. Rép. A 4 ans $2^f,42$; à 5 ans $3^f,08$; à 6 ans $3^f,77$; à 7 ans $4^f,49$; à 8 ans $5^f,24$; à 9 ans $6^f,02$; à 10 ans $6^f,82$; à

11 ans 7^f,67 ; à 12 ans 8^f,55.   La valeur du bois au bout de 4, 5, 6, 7, … 12 ans s'obtient en multipliant le prix de la coupe 950^f, × 3,27 = 3106^f,50 par chacun des nombres de la 1re colonne du tableau du n° 1764 du Recueil. On trouve ainsi 3106^f,50×0 283 = 879^f,14 ; 3106^f,50×0,361 = 1121^f,45 ; puis de même 1373^f,07 ; 1634^f,02 ; 1904^f,28 ; 2186^f,98 ; 2482^f,09 ; 2786^f,53, et enfin 3106^f,50. On multiplie chacun de ces nombres par le taux de la prime 0,0025 ; on augmente chaque produit de son dixième (impôt). On obtient ainsi les primes annuelles ci-dessus indiquées.

183. *Rép.* 53^f,41.   L'élève fera le tableau et le complètera comme il suit : luzerne, valeur 297^f,81 ; cotisation 1^f,79 ; vigne. 531^f,60 ; 37^f,21 ; blé, 720^f,92 ; 5^f,77 ; avoine, 360^f,36 ; 3^f,24. Cotisation totale, 48^f,01. Impôt et timbre, 5^f,40. Prime totale à payer, 53^f,41.

184. ErRATUM. Mettez dans l'énoncé : La prime pour ⁰/₀₀ est moitié moindre pour les céréales que pour les plantes textiles.

Rép. Blé, 2^f,27 ; chanvre 2^f,57.   L'Ha de blé produit : grain, 20^f × 24 = 480^f ; paille, 0^f,042 × (76 × 24 × 2) = 153^f,22 : total 633^f,22. La récolte vaut 633^f,22 × 3,8 = 2406^f,24 qui paient la même prime que 2406^f,24 : 2 = 1203^f,12 de plantes textiles. L'Ha des plantes textiles produit : filasse, 0^f,90 × (8000 : 8) = 900^f ; graine 24^f × 6 = 144^f ; total 1044^f. Les 130^a = 1^{Ha},3 produisent 1044^f × 1,3 = 1357^f,20. 4^f,84 représentent la prime de 1203^f,12 + 1357^f,20 = 2560^f,24 de plantes textiles. La prime pour ⁰/₀₀ est donc pour ces plantes, 4^f,84 : 2,560 = 1^f,89. Pour les céréales, 0^f,94. Les primes payées sont donc pour le blé 0^f,945 × 2,406 ; pour le chanvre, 1^f,89 × 1,35.

185. *Rép.* 7^f,84.   Prime annuelle (320^f ×3×0,02) + (650^f × 2 × 0,03) = 19^f,20 + 39^f,00 = 58^f,20 ; impôt 5^f,82 ; total 64^f,02. Prime payée dans 8 ans 512^f,16. Remboursement pour le cheval 650^f × ⁴/₅ = 520^f. Bénéfice, 520^f — 512^f,16.

186. ASSURANCES MUTUELLES.

3

187. Rép. 3^f,15.   Prime par 1000^f = (420600 + 25000) : 1431000 = 0^f,311. Prime due 0^f,311 × (3,750 + 5,460) = 2^f,86. Impôt : 0^f,29.

188. Rép. 1^f,41.   L'élève complètera le tableau comme suit : *valeur estimée*: maison 3500^f; écurie 600^f; grange 1020^f; total 5120^f; prime 0^f,25 p. %₀. .... 1^f,28; impôt 0^f,13. Prime à payer pour 1000^f, 69000^f : 279600 = 0^f,25.

189. Rép. 0^f.245.   Valeur de la paille 560^f : ⅖ = 1400^f. Pour 1^f de prime, on paie 0^f,10 d'impôt : total 1^f,10. Prime nette payée en tout 3^f,78 : 1,1 = 3^f,436; prime p. % = 3,436 : 14.

190. ASSURANCES MARITIMES.

191.

	Angleterre	Espagne	Algérie	TOTAL
Perte	1402^f,08	2025^f,00	3092^f,25	6519^f,33
Prime	121 ,92	135 ,00	48 ,83	305 ,75
			Net à recevoir	6213 ,58

Angleterre. Valeur de l'huile 4^f,80 × 1270 = 6096^f; perte 37 p. % — (4 + 10) = 23 p. % sur 6096^f. Prime 6096 × 0,02. *Espagne.* Valeur du blé 27^f × 500 = 13500^f; perte 25 p. % — 10 p. % = 15 p. % sur 13500^f; prime 13500^f × 0,01. *Algérie.* Valeur du sucre 1^f,50 × 2170 = 3255^f; perte 3255^f × (1 — 0,05) prime 3255^f × 0,015.

192. Rép. 2040^f et 1198^f,50.   Chaque assureur paiera la perte moins la prime due. Le 1er devra 8000^f × (0,30 — 0,045); le 2e 4700^f × (0,30 — 0,045).

193. Rép. 3257^f,57.   La franchise, le coulage et la prime font en cas de perte 10 + 4 + 3,5 = 17,5 p. % de diminution. L'assureur ne paie donc que 82,5 p. % ou 0,825 de la somme assurée. Le vin vaut 107^f,50 × 25 = 2687^f,50. Pour recevoir 2687^f,50 en cas de perte totale, le commerçant doit assurer une somme qui multipliée par 0,825 produise 2687^f,50; cette somme égale donc 2687^f,50 : 0,825 = 3257^f,57.

194.   ARPENTAGE DE LA PROPRIÉTÉ.

Bois.

Trapèze moins 2 triangles.

T (66 + 94) × 163 : 2 = ...   13040^{mq}
t (42 × 94) : 2 = 1974 . . . . . ⎫
t (41 × 66) : 2 = 1353 . . . . . ⎬   3327
                                    ⎭   ———————
            Surface . . . .   9713^{mq}

Luzerne.

t (41 × 66) : 2 . . . .   1353^{mq}
T (66 + 74) × 45 : 2   3150
T (74 + 61) × 22 : 2   1485
T (61 + 69) × 91 : 2   5915
t (69 × 21) : 2 . . . .   724 ,50
                                       ————————
            Surface . . . . .   12627 ,50

Vigne.

t (82,2 × 86) : 2 . . . .   3534^{mq},60
T (82,2 + 88) × 73 : 2 . . . . . .   6212 ,30
t (46 × 61) : 2   1403
                                       ————————
            Surface . . . . .   11149 ,90

Terre.

t (94 × 93) : 2 . . . .   4371^{mq}
t (88,6 × 50) : 2   2215
T (88,6 + 82,2) × 259 : 2 . . . .   22118, 60
                                       ————————
            Total 28704, 60
t (à déd.) (82,2 × 86) : 2 . . . . .   3534, 60
                                       ————————
            Surface . . .   25170, 00

ESTIMATION DU BIEN.

Bois 97^a,13 à 24^f . . . .   2331^f,12
Luzerne, 126^a,27 à 17^f . . . . . .   2146 ,67
Vigne 111^a,50 à 27^f,50 . . . . . .   3066 ,22
Terre, 251^a,70 à 14^f,50 . . . . . .   3649 ,65
                                       ————————
            Total . . . . .   11193^f,66

PARTAGE.

Il revient $^{1}/_{2}$ à chacun; soit : . . . . .   5596^f,83

1er prend b. et l. pour . . .	4477^f,79	}	
A recevoir.	1119 ,04	}	5596^f,83
2e prend v. et t., pour. . .	6715 ,87	}	
A reporter.	1119 ,04	}	5596 ,83

195. Outre le droit de succession du n° 153, il est dû un droit de partage qui est de 5^f jusqu'à 5000^f, 10^f jusqu'à 10000^f, 20^f jusqu'à 20000^f, etc.

Rép. 158^f,40.   Les droits seront pris : 1° pour la succession (à 1 p. %) sur 11193^f,66 $\times$ 0,03 $\times$ 20 = 6716^f qui comptent pour 6720^f; 2° p^r le partage (1 p. %) sur 20000^f; 3° pour la soulte (4 p. %) sur 1120^f. Ils seront 1° de 67^f,20 plus d. déc., 13^f,44; 2° 20^f plus d. déc., 4^f; 3° 44^f,80 plus d. déc. 8^f,96. Total : 80^f,64 + 24^f + 53^f,76.

196. *Rép.* 1er héritier : revenu 73^f,03 ; impôt 17^f,89. 2° héritier : revenu 108^f,86 ; impôt 26^f,67.   Le revenu cadastral indiqué au n° 3 étant multiplié par les surfaces trouvées n° 194, donne les rép. suivantes : Revenu du bois : 3^f,59 + 5^f,05 = 8^f,64 ; revenu de la luzerne : 45^f,45 + 18^f,94 = 64^f,39; revenu total de la 1re part : 8^f,64 + 64^f,39 = 73^f,03 payant d'impôt 73^f,03 $\times$ 0,245. Revenu de la vigne : 21^f,74 + 41^f,81 = 63^f,55; revenu de la terre : 45^f,31 ; revenu total : 63^f,55 + 45^f,31 = 108^f,86 payant 108^f,86 $\times$ 0,245.

NOTIONS COMMERCIALES ET INDUSTRIELLES

197. COMMERCE EXTÉRIEUR.

198. *Imp^ons et Exp^ons en millions*		Prop.		*Imp. et Exp. en mil.*	Prop.
Angleterre	1445	227	Rio de la Plata 154	24	
Belgique	626	98	Espagne 196	31	
Italie	498	78	Algérie 188	29	
Allemagne	481	75	Uruguay 77	12	
Turquie	297	47	Japon 59	9	
Etats-Unis	276	43	Brésil 108	17	
Russie	175	28	Egypte 82	13	
Suisse	404	63	Pérou 61	9	
Indes	116	18	Pays-Bas 69	11	

Le total en question = 5312 millions étant les $^5/_6$ du commerce général de la France, ce commerce = 5312 millions $\times$ $^6/_5$ = 6374 millions. Par suite la proportion demandée, est pour l'Angleterre, (573 + 872) ou 1445 : 6374 = 0,227 ; pour la Belgique, $^{626}/_{6374}$; etc. Nous avons converti toutes les fractions en millièmes, à $^1/_2$ millième près (en augmentant de 1 quand le reste de la division surpassait la moitié de 6374.

200. *Réponses.*

T. de soie, $^{226}/_{1395}$. .	0,162	Sucre, $^{13}/_{558}$ . . .	0,023
Vin, $^{13}/_{155}$	0,084	Eau-de-vie, $^7/_{310}$ . .	0,022
T. laine, $^5/_{62}$ . . .	0,080	T. de coton, $^{11}/_{558}$. .	0,019
Bimb., $^{35}/_{558}$ . . .	0,062	Peaux, $^{53}/_{2790}$ . . .	0,019
Soie, $^{73}/_{1395}$. . . .	0,052	Coton, $^1/_{62}$	0,016
Confect., $^{79}/_{2790}$ . .	0,028	Papiers, $^{19}/_{1395}$. . .	0,013
Fromages, $^8/_{279}$ . .	0,025	Poteries, $^{37}/_{2790}$ . .	0,013
Peaux, $^{23}/_{930}$ . . .	0,024	Chevaux, $^7/_{558}$. . .	0,012
Céréales, $^{67}/_{2790}$ . .	0,024	OEufs, $^{17}/_{1395}$ . . .	0,012

201. *Rép.* Soie, 36,5 ; vins, 46 ; laines, 36,1 ; confections,

21,5 ; céréales 4,8 ; sucre, 8,1.   Soie. L'exportation en 1868 = $^{28}/_7$ de l'exportation en 1827 ; cette dernière = 146 : $^{28}/_7$ = (146 × 7) : 28 ; etc. Nous avons exprimé les réponses en millions.

202. 203. Douanes. Droits.

204. *Rép.* Bœufs, 166733 ; vaches, 55578 ; veaux, 22231 ; moutons, 370518 ; porcs, 185259. Total : 800319.   D'après l'énoncé, le nombre des veaux doit être divisible par 2 et par 3 ; supposons-le égal à 6. Pour 6 veaux, il y a 15 vaches et 100 moutons, par suite 45 bœufs et 50 porcs. On évalue les bœufs à 450^f la pièce, les vaches à 450^f — $^1/_3$ de 450^f = 300^f ; les veaux à 300^f × $^2/_5$ = 120^f : les moutons à 120^f × $^5/_6$ = 100^f et les porcs à 120^f × $^6/_5$ = 144^f.   A ces prix 45 b. + 15 va. + 6 ve. + 100 m. + 50 p. valent 42670^f. La valeur totale 158100000^f : 42670 = 3705,2. Il faut multiplier les nombres d'animaux supposés : 45 ; 15 ; etc. par 3705,2 ; on trouve ainsi à une unité près : 166733 bœufs ; 55578 vaches ; etc.

205. *Rép.* 649846 caisses.   Il a été importé 132000000 : 30 = 4400000 tonnes de houille qui ont payé 1^f,20 × 4400000 = 5280000^f de droits. Une caisse de chandelles vaut 1^f,30 × 2,5 × 50 = 162^f,50, et paie de droit 162^f,5 × 0,05 = 8^f,125. Pour 5280000^f, on a pu en introduire 5280000 : 8,125.

206. *Rép.* 138961 Hl.   L'Hl d'huile pèse 0^{Kg},915 × 100 = 91^{Kg},5 et paie 0^f,06 × 91,5 = 5^f,49 de droit. Pour les 762900^f de droits acquittés, on a pu introduire (762900 : 5,49) Hl.

207. *Rép.* 467^f,77.   Dans le poids total, il y a $^2/_7$ ou $^{12}/_{42}$ de thé, $^3/_{14}$ ou $^9/_{42}$ de girofle, $^1/_6$ ou $^7/_{42}$ de poivre, et le reste ou $^{14}/_{42}$ d'huile. Dans 42^{Kg} entrés, il y a donc 12^{Kg} de thé qui ont payé 24^f ; 9^{Kg} de girofle qui ont payé 18^f ; 7^{Kg} de poivre qui ont payé 14^f, et 14^{Kg} d'huile qui ont payé 0^f,32 × 14 = 4^f,48 ; total de ces droits : 60^f,48. Je divise le total des droits réellement payés, 206^f 50, par 60^f,48 ; 206^f,50 = 60^f,48 × 3,4143. Le marchand a donc dû entrer : thé 12^{Kg} × 3,4143

$= 40^{Kg},9716$ valant $6^f,50 \times 40,9716 = 266^f,32$; girofle, $9^{Kg} \times 3,4143 = 30^{Kg},7287$ valant $4^f,20 \times 30,7287 = 129^f,06$. Ainsi de suite. Total des valeurs : $467^f,77$.

208. *Rép.* Entrée, 123773160^f; sortie, 235758^f; navigation, 294698^f; droits divers, 1532430^f; sel, 21512954^f. Les fractions données se convertissent aisément en décimales : $^{21}/_{25} = 0,84$; $^{21}/_{25} \times ^4/_{2100} = ^4/_{2500} = 0,0016$; $0,0016 \times ^5/_4 = 0,0020$; $0,0020 \times ^{26}/_5 = 0,0104$. On multiplie 147349000^f par chacun de ces nombres décimaux.

209. *Admissions temporaires.*

210. *Rép.* 107 barils plus $18^{Kg},930$. La graine pèse $65^{Kg} \times 547 = 35555^{Kg}$ et doit rendre $35555^{Kg} \times 0,3 = 10666^{Kg},5$ d'huile. Le baril d'huile pèse $0^{Kg},93 \times 107 = 99^{Kg},51$. Le nombre de barils $= 10666,5 : 99,51 = 107$ et il reste $18^{Kg},930$.

211. *Rép.* $1534^{Kg},720$. Sur 4^{Kg}, il y a 3^{Kg} de gar. verte et 1^{Kg} de sèche ; sur $4796^{Kg} = 4^{Kg} \times 1199^{Kg}$, il y a $3^{Kg} \times 1199 = 3597^{Kg}$ de garance verte donnant $0^{Kg},16 \times 3597 = 575^{Kg},520$ de garance en poudre, et 1199^{Kg} de gar. sèche, produisant $0,80 \times 1199 = 959^{Kg},2.$ de g. en poudre. Total $1534^{Kg},720$.

212. DROIT DE TONNAGE.

213. *Rép.* $304^t,8$; $4^m,72$. Le volume du navire $= (25,4 \times 9,5 \times 4,8) : 3,8 = 304^{mc},8$; sa contenance est donc $304^t,8$. Pour contenir 300 tonneaux ou 300^{mc}, il devra avoir une profondeur de $(4^m,8 : 304,8) \times 300 = 4^m,72$.

214. *Rép.* $1^f,50$. Le navire contient $\left[\left(\dfrac{30,2 + 25,98}{2}\right) \times 8,12 \times 5,2\right] : 3,8 = 312^{mc},1$ ou $312^t,1$. Le tonneau paie $468^f : 312,1 = 1^f,50$

215. *Rép.* $251^t,11$. Sur 1^{Kg} de coton, il y a 4^{Kg} de blé, 20^{Kg} de cuir et 10^{Kg} de café ; total 35^{Kg}. Le coton représente

donc $^1/_{35}$ du poids transporté, ou $200000^{Kg} \times {^1/_{35}} = 5714^{Kg}\, {^2/_7}$;
le blé, $200000^{Kg} \times {^4/_{35}} = 22857^{Kg}$; le cuir, $200000^{Kg} \times {^{20}/_{35}}$
$= 114286^{Kg}$; le café, $200000^{Kg} \times {^{10}/_{35}} = 57143^{Kg}$. En divisant
chacun de ces poids par le poids du tonneau de chaque mar-
chandise, on trouve : coton $11^t,43$; blé, $25^t,4$; cuir, $142^t,85$;
café, $71^t,43$.

216. *Rép.* 63 tonneaux.   Pour la Havane : fret, 100^f ;
nolis, 10^f; total 110^f par tonneau. Le n. des t. $= 6930 : 110$.

217. *Rép.* $32^f,246$.   Le fret moyen par Hl coûte $(17^f + 1^f,7)$
$\times 0,080 = 1^f,496$; la mise à bord, $0^f,05$; le grenier, $0^f,10$;
la commission, $30^f \times 0,02 = 0^f,60$; total $2^f,246$. L'Hl
revient donc à $32^f,246$.

218. DROITS SUR LES CANAUX.

219. *Rép.* $1045^f,44 + 1097^f,28$. 1re classe, 90^t ; 2e id.
180^t. La tonne paie en 1re classe, $0^f,02 + 0^f,004 = 0^f,024$;
en 2e cl., $0^f,01 + 0^f,002 = 0^f,012$. Le batelier paiera par Km,
$0^f,024 \times 90 + 0^f,012 \times 180 = 4^f,32$. Il paiera sur le canal
de Bourgogne $4^f,32 \times 242$ et sur les deux autres $4^f,32 \times$
$(57 + 197)$.

220. *Rép.* 87 tonnes.   Droits par tonne, d. décime compris,
$0^f,018 \times 193 + 0^f,024 \times 241 = 9^f,258$. Le n. de tonnes $=$
$805,45 : 9,258$.

221. TRANSPORTS PAR CHEMINS DE FER

Il y a des rectifications à faire aux renseignements donnés
dans le livre de l'élève n°s 223, 224, 225 et 226 ; nous les
faisons d'après les tarifs généraux adoptés par les grandes
compagnies. Nous prions les maîtres de les communiquer
aux élèves porteurs des deux premières éditions du
supplément au recueil en leur faisant corriger les pas-
sages incomplets ou inexacts.   Les solutions suivantes sont
conformes aux renseignements corrigés.

222. *Rép.* 15 mars.   Dépôt le 7 mars ; départ le 9. Trajet
en 5 jours $(625 : 125)$. Arrivée le 14 ; remise le 15.

223. ERRATUM. (Corrigez).   Les conditions les plus ordinaires du *magasinage,* sont pour *la grande vitesse,* 0^f,05 par colis de moins de 100^{Kg} et par jour ; minimum de perception, 0^f,10.   *Petite vitesse,* 0^f,05 par jour pendant 3 jours au plus par 100^{Kg} et fraction de 100^{Kg} ; 0^f,10 pour chaque jour suivant.

Rép. 49^f,15.   La marchandise déposée le 12 avril a dû partir au plus tard le 14, arriver le 18, et être livrable le 19. Elle a été enlevée 39 jours après ce délai. En comptant 1300^{Kg} (pour 1260^{Kg}), on trouve 0^f,05 $\times$ 13 $\times$ 3 $+$ 0^f,10 $\times$ 13 $\times$ 36 $=$ 48^f,75, plus 0^f,40 pour la lettre d'avis.

224. *Rép.* 1er, 9000^{Kg}; 2e, 3000^{Kg}; 3e, 6000^{Kg}.   Les 3 lettres de voiture et les 3 timbres coûtent 1^f,80 $+$ 0^f,30 $=$ 2^f,10. Il reste pour le chargement et le déchargement, 27^t représentant un nombre de t. $=$ 27 : 1,5 $=$ 18^t ou 18000^{Kg}. Or pour 1^{Kg} du 2e envoi, on compte 2^{Kg} du 3e, et 3^{Kg} du 1er. Total 6^{Kg}. Dans 18000^{Kg}, il a 6^{Kg} $\times$ 3000 ; le 1er envoi pesait donc 3^{Kg} $\times$ 3000 ; le 2e, 3000^{Kg}, et le 3e, 2^{Kg} $\times$ 3000.

225. ERRATUM. (Corrigez). De 0 à 6 ^{Km} on paye pour 6 Km; au delà, pour le nombre exact de Km.   On paie de 0 à 5^{Kg} pour 5^{Kg} ; de 5 à 10^{Kg} pour 10^{Kg} ; de 10 à 20^{Kg} pour 20^{Kg}; de 20 à 30^{Kg} par 30^{Kg}. Ainsi de suite.

On paie jusqu'à 40^{Kg}, 0^f,50 par tonne et par Km ; pour un poids supérieur, 0^f,40 par tonne et par Km, et de plus, les droits additionnels : le timbre du billet, le décime de guerre qui se paie sur toute la somme due quand elle est supérieure à 0^f,50.

225. *Rép.* 3,10 et 9^f,02.   Colis de 25^{Kg}. Transport, 0^f,50 $\times$ 0,030 $\times$ 160 $=$ 2^f,40 ; timbre, 0^f,60, enregistrement 0^f,10; total 3^f,10.   Colis de 129^{Kg}. On paie pour 130^{Kg}; 0,40 $\times$ 0,130 $\times$ 160 $=$ 8^f,32, $+$ 0^f,60 p^r timbre et 0^f,10 d'enregistrem^t ; total 9^f,02.

On convertit les Kg à payer en millièmes de tonne ; 30^{Kg} $=$ 0^t,030; 130^{Kg} $=$ 0^t,130.   0^t,030 à 160^{Km} paient 0^f,50 $\times$ 0,030 $\times$ 160 ; etc.

3.

226. Petite vitesse. *Erratum.* Corrigez le n° 224. Les frais de chargement, de déchargement, de manutention en général, sont de 1ᶠ,50 par tonne de 1000ᴷᵍ, payables proportionnellement suivant le poids arrondi en diz. de Kg; par ex. 130ᴷᵍ pour 127ᴷᵍ. Ces frais ne se paient pas au-dessous de 40ᴷᵍ.

De 0 à 10ᴷᵍ, on paie le port pour 10ᴷᵍ; de 10 à 20ᴷᵍ pour 20ᴷᵍ; ainsi de suite. Le plus simple est de calculer le port et les autres frais proportionnels au poids pour une tonne de 1000ᴷᵍ, puis de multiplier le résultat obtenu par le nombre de Kg à payer converti en millièmes de tonne.

227. *Rép.* 88ᶠ,20. On paie pour 1570ᴷᵍ = 1ᵗ,570 : transport, 0ᶠ,25 × 1,570 × 217 = 85ᶠ,15 ; chargᵗ et déchargᵗ, 1ᶠ,50 × 1,57 = 2ᶠ,35 ; timbre, 0ᶠ,60 ; enregᵗ, 0ᶠ,10.

228. *Rép.* 120ᴷᵐ. Les frais de l'Ex. 224 sont chargᵗ et déchᵗ., 1ᶠ,50 × 2,4 = 3ᶠ,60 ; timbre 0ᶠ,60 ; enregistr., 0ᶠ,10 ; total, 4ᶠ,30. Il reste pour transport 50ᶠ,38 — 4ᶠ,30 = 46ᶠ,08. Le transport de 2ᵗ,4 à 1ᴷᵐ coûte 0ᶠ,16 × 2,4 = 0ᶠ,384. 0ᶠ,384 × le n. des Km = 46ᶠ,08. Le n. de Km = 46ᶠ,08 : 0,384 = 120.

229. *Rép.* 2003ᶠ,50. La valeur de la laine = 1ᶠ,40 × 1450 = 2030ᶠ. Les frais sont : chargᵗ et déchargᵗ 1ᶠ,50 × 1,45 = 2ᶠ,20 ; timbre 0ᶠ,60 ; enregistr. 0ᶠ,10 ; transport, 0ᶠ,12 × 1,450 × 130 = 22ᶠ,62 ; port de l'argent (?2030ᶠ comptant pour 3000ᶠ), 0ᶠ,0025 × 3 × 130 = 0ᶠ,975 ; total, 26ᶠ,50. Reste net : 2030ᶠ — 26ᶠ,50.

230. *Rép.* 1ᶠ,194. Les frais sont : chargᵗ, 1ᶠ,50 × 0,2 = 0ᶠ,30 ; timbre, 0ᶠ,60 ; enreg., 0ᶠ,10 ; transport, 0ᶠ,10 × 0,2 × 210 = 4ᶠ20 ; camionnage, 0ᶠ005 × 200 = 1ᶠ ; port de l'argent, 0ᶠ0025 × 210 = 0ᶠ,525 ; total, 6ᶠ,725. Valeur du cuir expédié, 232ᶠ,08 + 6ᶠ,72 = 238ᶠ,80. Prix du Kg, 238ᶠ,80 : 200.

231. *Erratum.* Mettez 30ᶠ,28 au lieu de 38ᶠ,58 et ³⁰⁰/₁₂₁₄ au lieu de ³⁵⁰/₁₂₂₉.

Compte de l'expédition.

Savon, 300^{Kg}; colza, 1500 ^{Kg}; total $1^t,8$.

Transport, $0^f,08 \times 1,8 \times 145$	$20^f,88$
Chargement, $1^f,50 \times 1,8$	$2,70$
Camionnage, 300^{Kg} à $0^f,005$ $\Big\}$	$6,00$
1500 à $0,003$	
Timbre	$0,60$
Enregistrement	$0,10$
Total. . . .	$30,28$

Appelons s la somme des frais autres que le camionnage. $s +$ camionnage $= {}^{1214}/_{1214}\, s + {}^{300}/_{1214}\, s = {}^{1514}/_{1214}\, s = 30^f,28$. Par suite $^1/_{1214}\, s = 30^f,28 : 1514 = 0^f,02$; $s = 0^f,02 \times 1214 = 24^f,28$. Le camionnage coûte $0^f,02 \times 300 = 6^f$. Pour 10^{Kg} de savon coûtant $0^f,05$ de camionnage, il y a 50^{Kg} de colza coûtant de même $0^f,03 \times 5 = 0^f,15$; total $0^f,20$. Or $6^f : 0^f,20 = 30$. L'expédition comprend donc, savon $10^{Kg} \times 30$; colza, $50^{Kg} \times 30$. Le compte a été établi en conséquence.

232. COMPTE DE L'EXPÉDITION.

80^{Hl} de blé de 75^{Kg}, ens. 6000^{Kg} ($0^f,05 \times 6 \times 130$)	$39^f,00$
Chargement 6000^{Kg} à $1^f,50$ par 1000^{Kg}	$9,00$
Timbre et enregistrement	$0,70$
Total égal. . . .	$48,70$

SOLUTION. Le timbre et l'enregist^t, ($0^f,70$) déduits, il reste 48^f pour manutention et transport. Pour 1000^{Kg}, on paie, chargem^t $1^f,50$; transport à 130^{Km}, $0,05 \times 130 = 6^f,50$; total 8^f; 48^f ont été payés pour 6000^{Kg}. Désignons par n le nombre des Hl; le poids d'un $Hl = {}^{15}/_{16}\, n$, et le poids total $= {}^{15}/_{16}\, n \times n = {}^{15}/_{16}\, n^2 = 6000$. Par suite, $n^2 = 6000 : {}^{15}/_{16} = 6400$, et $n = \sqrt{6400} = 80$. Expédiés, 80^{Hl}, pesant chacun $80 \times {}^{15}/_{16}$ ou 75^{Kg}. D'où le compte.

233. USAGES COMMERCIAUX. QUESTIONS COMMERCIALES.

Avant de proposer aux élèves les questions commerciales suivantes, les maîtres feront bien de leur faire résoudre, sans complications accessoires, les questions élémentaires concernant la tare, l'escompte, la commission et le courtage, d'abord sur des nombres,

48 EXERCICES D'ARITHMÉTIQUE.

en prenant des exemples, puis sur des lettres. Nous mettons seulement les formules.

TARE. Appelons P le poids brut; p, le poids net; t, la tare par Kg. La tare de P. Kg est $p \times t$. On a donc :

$$p = \mathrm{P} - \mathrm{P} \times t =, \quad \text{ou} \quad p = \mathrm{P} \times (1 - t) \qquad (1)$$

Inversement, $\qquad \mathrm{P} = p : (1 - t) \qquad (2)$

EXEMPLE. La tare étant de 6 p. $^0/_0$ (6 pour 100) la tare pour 1 est 0,06 ; $t = 0,06$; $1 - t = 0,94$.

ESCOMPTE. P, prix fort ; p, prix net ; e, escompte par fr.

$$p = \mathrm{P} - \mathrm{P} \times e, \quad \text{ou} \quad p = \mathrm{P} \times (1 - e) \qquad (3)$$

Inversement, $\qquad \mathrm{P} = p : (1 - e) \qquad (4)$

COURTAGE OU COMMISSION D'ACHAT. L'un ou l'autre s'ajoute au prix d'achat ou de revient p ; d'où résulte un prix de revient plus fort P.

$$\mathrm{P} = p + p \times c, \quad \text{ou} \quad \mathrm{P} = p(1 + c) \qquad (5)$$

Inversement, $\qquad p = \mathrm{P} : (1 + c) \qquad (6)$

La commission ou courtage se prend quelquefois sur P lui-même puis s'ajoute à p. On calcule d'abord P, formule (7).

$$\mathrm{P} = p + \mathrm{P} \times c ; \quad \text{d'où} \quad p = \mathrm{P} - \mathrm{P} \times c = \mathrm{P} \times (1 - c)$$

Et enfin, $\qquad \mathrm{P} = p : (1 - c) \qquad (7)$

P trouvé, on calcule la commission $\mathrm{P} \times c$ pour établir le compte.

REMARQUE. Il est généralement plus simple d'employer la 1re formule, $p = \mathrm{P} - \mathrm{P} \times t$ que la 2e, $p = \mathrm{P} \times (1-t)$, la multiplication par t étant généralement plus simple que la multiplication par $1 - t$.

<table>
<tr><td>195^{Kg}
11,70
———
183,30</td><td>195^{Kg}
0,94
———
7 80
175 5
———
183,30</td><td>Voilà les deux calculs pour le cas où $t = 0,06$, et le poids brut, 195 ^{Kg} Le 1er calcul est évidemment le plus simple.</td></tr>
</table>

De même pour l'escompte (formule 3) et p^r la commission, (form. 5)

Nous emploierons souvent ces expressions abrégées :
195^{Kg}, $brut = (195 - 195 \times 0,06) = 183^{Kg},30$, net ;
ou 183^{Kg},30, $net = 183 : 0,94 = 195^{Kg}$, $brut$.

234. $Rép.$ 0^f,834. $\quad t = 0,015$. J'aurais payé, tare déduite, 95$^{Kg} - 95^{Kg} \times 0,015 = 93^{Kg},575$. En faisant peser la marchandise, je gagne 93$^{Kg},575 - 92^{Kg},880 = 0^{Kg},695$ de café à 1^f,20 le ^{Kg}.

235. Traite.   B. P F. 311^f,85.

Au premier mars mil huit cent soixante-douze, veuillez payer à l'ordre Ganson, de Paris, la somme de trois cent onze francs quatre-vingt-cinq centimes que passerez en compte.

Paris, le ....

La tare $= 250^{Kg} \times 0,04 = 10^{Kg}$; total à déduire 19^{Kg} ; reste 231^{Kg} à 1^f,35.

236. *Rép.* En tierçons, 120^{Kg},481 ; en barils, 121^{Kg},95 ; en frequins, 131^{Kg},579. 1° En tierçons : le poids net 100^{Kg} = le p. br. $\times (1 - 0,17)$; d'où le poids br. $= 100^{Kg} : (1 - 0,17) = 100^{Kg} : 0,83 = 120^{Kg},481$. Ainsi de suite.

237. Billet.   B. P. F. 248^f,62.

A cinq mois de date, je paierai à M. *** ou à son ordre la somme de deux cent quarante-huit francs soixante-deux centimes, valeur reçue en marchandises.

Paris, le ....

Le 1er fût pèse net 207^{Kg} $\times (1 - 0,12) = 182^{Kg},16$; le 2e, 120^{Kg} $\times (1 - 0,14) = 103^{Kg},20$; poids total, 285^{Kg},36 valant 0^f,85 $\times 285,36 = 242^f,56$. A 6 p. % par an, l'intérêt pour 5 mois $= 242^f,56 \times 0,06 \times 5 : 12 = 6^f,06$. Le billet doit être fait pour 242^f,56 $+ 6^f$,06.

238. *Rép.* 120^{Kg} et 90^{Kg}. Pour 3^{Kg} brut du 1er, il y a 4^{Kg} id. du 2e. Les 3^{Kg}, brut, = net, 3^{Kg} $\times (1 - 0,16) = 2^{Kg},52$, et les 4^{Kg} id.,   4^{Kg} $\times (1 - 0,2) = 3^{Kg},2$; poids net total, 5^{Kg},72. Je divise le poids net total réel, 171^{Kg},6, par 5^{Kg},72. 171^{Kg},6 = 5^{Kg},72 $\times 30$. Les deux poids nets réels sont donc 3^{Kg},2 $\times 30$ et 2^{Kg},52 $\times 30$, et les poids bruts réels, 4^{Kg} $\times 30$ et 3^{Kg} $\times 30$.

239. *Rép.* 74^f,87.   Pour 68^f,80, on a eu 68,80 : 0,86 = 80^{Kg} nets de sucre en boucaut, ou 80^{Kg} : $(1 - 0,13) = 91^{Kg},95$, poids brut. Mais 91^{Kg},95, brut, de sucre en canastre pèsent net 84^{Kg},598 qui, à 0^f,86 $+ 0^f$,025 le Kg, valent 0^f,885 $\times 84,598 = 74^f,87$.

240. *Rép.* 19^f,35.   Sur 3^{Kg} en sac, il y a 4^{Kg} en fût ; total

7^{kg}.   168 : 7 = 24. Dans les 168^{kg} il y a, brut, 3×24 = 72^{kg} en sac, et $4 \times 24 = 96^{kg}$ en fût, qui donnent, net, $72^{kg} \times (1 - 0,02) = 70^{kg},56$, et $96^{kg} \times (1 - 0,12) = 84^{kg},48$. Pour 30^f, on a eu $70^{kg},56 + 84^{kg},48$, total $155^{kg},04$ net. Le Kg net vaut donc 30^f : 155,04 et les 100^{kg}, 3000^f : 155,04.

241. Usages divers.

242. *Rép.* $4^f,10$.   Sur 100^f de soie achetée au comptant, on paie, escompte de 13 p. % déduit, 87^f, plus $0^f,75$ de courtage; total $87^f,75$; sur 1^f, on paye $0^f,8775$. Pour payer $492^f,90$, il faut acheter pour $492^f,90$: 0,8775 = $561^f,71$ de soie. Le mètre coûte $561^f,71$: 137.

243. Billet.   B. P. F. 842,77.

A quarante-cinq jours de date, je paierai à M. ***, ou à son ordre, la somme de huit cent quarante-deux francs soixante-dix-sept centimes, valeur reçue en marchandises.

Paris, le .....

Le crin vaut $1^f,28 \times (170 \times 0,94) = 204^f,54$; la laine, $1^f,80 \times (217 \times 0,95) = 371^f,07$; le riz, $0^f,67 \times (74,5 \times 0,88) = 43^f,925$; l'huile, $2^f,30 \times (137 \times 0,82 - 1,500) = 254^f,93$. Total de l'achat, $874^f,47$. L'escompte ordinaire est de 3 p. %; celui accordé pour $1^{mois} 1/2$ payé en avance $= (5 : 12) \times 1,5$ = $0^f,625$ p. % ; escompte total 3,625 p. % sur $874^f,47$ = $31^f,70$ à retrancher de $874^f,47$.

244. Compte d'achat de marchandises.

Blé, 180^{Hl} à $25^f,13$ . . . . F.	$4522^f,60$	
Farine, 25 bar. de 88^{kg} ens. 2200^{kg} à $38^f,48$ le %	846 ,56	$7139^f,99$
Vin, 17 barr. de 228^l ens. $38^{Hl},76$ à $45^f,687$.	$1770^f,83$	
Escompte: blé, 1 p. % sur $4522^f,60$.	45 ,22	
Id. farine, 6 p. % sur $846^f,56$.	50 ,79	— 166 ,84
Id. vin, 4 p. % sur $1770^f,83$.	70 ,83	
Courtage, 1/2 % sur $4522^f,60 + 846^f,56$ . . .		+ 26 ,85
Somme égale . . . =		$7000^f,00$

$^9/_{14} + {}^4/_{35} = {}^{45}/_{70} + {}^8/_{70}$; reste pour le vin, $^{17}/_{70}$. $^1/_{70}$ de $7000^f = 100^f$. J'ai donc acheté pour 4500^f de blé, 800^f de farine, 1700^f de vin.   Pour 1^f brut de blé, il y a $0^f,01$ d'escompte et $0,005$ de courtage; on paye net $(0^f,99) + 0^f,005 = 0^f,995$. Pour payer net 4500^f, il a fallu acheter pour 4500^f: $0,995 = 4522^f,60$ de blé dont l'Hl coûtait $4522^f,60 : 180 = 25^f,13$. De même 1^f brut de farine $= (0^f,94) + 0,005 = 0^f,945$ net; cette farine a été achetée $800^f : 0,945 = 846^f,56$, et le Kg a été payé $846^f,56 : (88 \times 25)$. Le vin a été acheté $= 1700^f : 0,96 = 1770^f,83$, et l'H$l$ a été payé $1770^f,83 : (2,28 \times 17)$.

245. BILLET.   B. P. F. $20504^f,85$

À quarante jours de date, je paierai à M. ***, ou à son ordre, la somme de vingt mille cinq cent quatre francs quatre-vingt-cinq centimes, valeur reçue en marchandises.

Paris, le .....

Les 45 balles pèsent brut, $150^{Kg} \times 45 = 6750^{Kg}$ et net, $6750^{Kg} \times (1 - 0,06) = 6345^{Kg}$; elles coûtent, à 102^f les 50^{Kg} où à $2^f,04$ le Kg, $12943^f,80$. Le coton Haïti, pour lequel on accorde 6 p. % de tare et 2 % de don, soit en tout 8 %, pèse net $2720^{Kg} \times (1 - 0,08) = 2502^{Kg},4$ et coûte $1^f,96 \times 2502,4 = 4904^f,70$. Le Brésil pèse brut $55^{Kg} \times 30 = 1650^{Kg}$ et net $1650^{Kg} \times 0,9 = 1485^{Kg}$; il vaut $1^f,94 \times 1485 = 2880^f,90$. Le prix total $= 20729^f,40$. Cette somme étant payable à $3^m 1/_2$ ou 105 jours, on a droit, en payant au bout de 40 j., à 65 j. ou $2^m 1/_6$ d'escompte à $0^f,50$ par mois, soit à $1^f,083$ p. % d'escompte. On paiera net : $20729^f,40 - (207,294 \times 1,083)$.

246. *Rép.* $2^f,40$.   Les 700 charges représentent $1^{Hl},60 \times 700 = 1120^{Hl}$ qui payent pour mesurage $0^f,15 \times 1120 = 168^f,00$ Il reste pour prix du blé et autres frais: $2838^f,08 - 168 = 2670^f,08$. Sur 1^f d'achat, il y a $0^f,01$ d'escompte à diminuer et $1/_3$ de centime à ajouter, soit $0^f,99 1/_3$ ou $^{298}/_3$ de centimes à payer. Le prix d'achat $\times {}^{298}/_{300} = 2670^f,08$; le prix d'achat $= 2670^f,08 : {}^{298}/_{300} = 2688^f,00$ pour 1120 Hl.

247. *Rép.* Bœuf, $401^{Kg},810$; café, $1255^{Kg},657$; garance,

1004^{Kg},526 ; laine, 502^{Kg},263 ; sucre Havane, 251^{Kg},132 ; sucre Brésil, 1607^{Kg},242. Les fractions données converties en décimales sont 0,08 ; 0,25 ; 0,20 ; 0,10 ; 0,05, et pour le sucre du Brésil, 0,32. Sur 100^{Kg} brut de marchandises, il y a donc *brut*, 8^{Kg} de bœuf et *net* 8. $(1 - 0,1) = 7^{Kg}, 2$; 25^{Kg} de café ; net 25 $(1, 01) = 24^{Kg},75$; 20^{Kg} de garance ; net 20 $(1 - 0,08) = 18^{Kg},4$; br., 10^{Kg} de laine ; net 10 $(1 - 0,03) = 9^{Kg},7$; 5^{Kg} sucre Havane, net $5 \times (1 - 0,14) = 4^{Kg},3$; 32^{Kg} id. Brésil, net 32 $(1 - 0,18) = 26^{Kg},24$. Poids net total 90^{Kg},59. Pour 90^{Kg},59 de poids net total, il y a 100^{Kg} de poids brut ; pour 1^{Kg} net, $(100 : 90,59)$ brut ; pour 4550^{Kg} de poids net réel, $100 \times 4550 : 90,59 = 5022^{Kg},63$ de poids brut réel. D'après les conditions énoncées, ce poids brut se décompose ainsi : $5022^{Kg},63 \times 0,08 = 401^{Kg},810$ de bœuf ; $5022^{Kg},63 \times 0,25 = 1255^{Kg},66$ de café ; etc.

248. *Rép.* 1^{mois}21j. Le chanvre pèse net 850^{Kg} $\times$ $(1 - 0,01) = 841^{Kg},500$, et vaut $0^f,75 \times 841,50 = 631^f,125$. L'huile pèse net 940^{Kg} $\times$ $(1 - 0,18) = 770^{Kg},800$ et vaut à $0^f,92$, 709^f,136 ; le riz pèse net 230^{Kg} $\times$ $(1 - 0,12) = 202^{Kg},4$ et vaut, à $0^f,88$, 178^f,11 ; total de l'achat : 1518^f,38. Le courtage à $^1/_4$ p. % $= 3^f,79$; en le déduisant des 1509^f,27 payés il reste 1505^f,48 pour prix de l'achat, escompte déduit. L'escompte total $= 1518^f,38 - 1505^f,48 = 12^f,90$. Celui de 1 mois $= 1518^f,38 \times 0,005 = 7^f,59$. Or, $12,90 : 7,59 = 1,7$. Le temps cherché est donc 1^m,7 $=$ 1^{m}21j.

249. *Rép.* 4 mois environ. La laine paye par mois, $0^f,25 \times 6 = 1^f,50$; le thé, $0^f,30 \times 3 = 0^f,90$; le cacao, $0^f,35 \times 6 = 2^f,10$; le fer, $0^f,20 \times 4 = 0^f,80$; total 5^f,30. Le nombre de mois $= 21 : 5,3 = 3 {}^{51}/_{53}$.

250. FACTURES DE MES ACHATS.

Coton filé . .	800^f,	escompte de 10 p. %,	net	720^f,
Calicot . . .	1000 ,	id.	3 p. %, net	970
Cretonne . .	600 ,	id.	5 p. %, net	570
Rouenneries .	400 ,	id.	5 p. %, net	380
			Total égal . . .	2640^f.

En réduisant les fractions au même dénominateur on trouve $^4/_{14}$, $^5/_{14}$, $^3/_{14}$; il reste $^2/_{14}$ pour les rouenneries Sur 14^f d'achat, il y a donc brut 4^f de coton, 5^f de calicot, 3^f de cretonne, 2^f de rouennerie. Les *prix nets* correspondants sont 3^f,60; 4^f,85 ; 2^f,85 ; 1^f,90; total 13^f,20. Je divise le total net réel 2640^f par 13^f,20, et je trouve que 2640^f = 13^f,20 $\times$ 200. J'en conclus que les prix réels nets ou bruts, sont égaux à 200 fois les prix supposés. Les prix bruts réels sont 4$^f \times$ 200 ; 5$^f \times$ 200 ; etc.

COMMERCES ET INDUSTRIES AGRICOLES.

251. CLASSEMENT DES BLÉS.

252. *Rép.* 38^f,35.   Les 14^{Hl} de blé blanc pèsent 1092^{Kg} et valent (48^f : 120) $\times$ 1092 = 436^f,80 ; les 70^{Hl} de blé roux pèsent 5390^{Kg} et valent 2043^f,70 ; les 24^{Hl} blé, 1^{or} choix, pèsent 1920^{Kg} et valent 792^f; enfin les 32^{Hl} blé, 3e qualité, pèsent 2368^{Kg} et valent 858^f,40. Total 10770^{Kg} achetés pour 4130^f,90 ; les 100^{Kg} coûtent, en moyenne, 4130^f,90 : 107,70.

253. *Rép.* Perte 21^f,66.   Le blé pèse 76$^{Kg} \times$ 70 = 5320^{Kg} et a été acheté (46^f : 120) $\times$ 5320 = 2039^f,33.   Les frais divers sont pour 100^{Kg} et pour 36j, (8$^c \times$ 36 + 8^c + 2^c + 6^c + 15^c + 10^c + 1$^c \times {}^{36}/_{30}$ = 330^c,2 = 3^f,302. Pour 5320^{Kg} = 100$^{Kg} \times$ 53,20, ces frais sont 3^f,302 $\times$ 53^f,20 = 175^f,67. Prix de revient total du blé : 2039^f,33 + 175^f,67 = 2215^f. Le commerçant en revend seulement 5220$^{Kg} \times$ (1$-^1/_{200}$) = 5293^{Kg},4 à 50^f les 120^{Kg}, soit (50^f : 120) $\times$ 5293,4 = 2205^f,58. Il perd sur la somme déboursée 2215^f — 2205^f,58 = 9^f,42 et de plus l'intérêt des 2039^f,23 à 0^f,005 par mois pendant les 36j = 1^m $^1/_5$, soit 2039^f,23 $\times$ 0^f,005 $\times$ $^6/_5$, = 12^f,24. Perte totale 9^f,42 + 12^f,24.

254. *Rép.* 15284^f,21.   Le blé Irka a été vendu (37^f,50: 1,6)

$\times$ 200 = 4687^f,50 ; le Danube, 5281^f,25 ; le Richelle, 1187^f,50 ; le Salonique, 1877^f,35 ; le Pologne, 1975^f,00 ; le Badianska, 430^f,00 ; total 15438^f,60. L'escompte de 1 p. % = 154^f,39 ; net à recevoir, 15438^f,60 — 154^f,39.

255. **Rép.** 21331^f,84. Le blé a été acheté (41^f,8 : 1,6) $\times$ 800 = 20900^f. Les frais de débarquement, de mesurage, criblage, metteurs dessus, droits de ville = 6^f + 4^f + 18^f + 10,50 + 20^f = 58^f,50 par 100 charges, et pour les 800^{Hl} ou les 500 charges = 292^f,50. La censerie et le courtage à $^2/_3{}^f$ pour 1000^f = 139^f,33. Total général : 21331^f,84.

256. *Réponses.*

Pyr. or. (dur) . . .	690^{Kg}.		Basse-Loire . . .	901^{Kg}.
Id. (touzelles) . .	813	.	Normandie . . .	952	.
Narbonne (dur) . .	694	.	Sologne	1099	.
Id. (touzelles)	813	.	Bretagne	1099	.
Richelle.	769	.	Bourgogne . . .	1149	.
Limoux.	862	.		

14^{Kg},5 de *gluten* sont donnés par 100^{Kg} du 1er *blé* ; 1^{Kg} par 100^{Kg} : 14,5 ; 100^{Kg} par 10000^{Kg} : 14,5 = 690^{Kg}. De même pour les autres blés.

257. ERRATUM. A la fin de la ligne 8 mettez : *manquant sur chaque charge.*

Rép. 2677^f,70. Cherchons d'abord combien la charge de blé doit peser au minimum. Nous trouvons : Alexandrie 71^{Kg},4 $\times$ 1,6 — 114^{Kg},24 ; Tangaroff 77^{Kg},5 $\times$ 1,6 = 124^{Kg} ; Marionpoul 78^{Kg} $\times$ 1,6 = 124^{Kg},8 ; Manfredonia 80^{Kg} $\times$ 1,6 = 128^{Kg}. Le 1er blé acheté pesait plus que le minimum dû ; le 2e, 2^{Kg} de moins valant 2^f ; le 3e, 4^{Kg} de moins valant 6^f ; le 4e, 1^{Kg} de moins valant 1^f. Les prix de la charge sont donc de 37^f,50 ; 39^f,50 ; 36^f,40 ; 42^f,10. On trouve aisément d'après cela que le total de l'achat est 637^f,50 + 1224^f,50 + 436^f,80 + 378^f,90.

258. COMPTE DE 1000^{Hl} DE BLÉ ACHETÉS A HAMBOURG POUR LE HAVRE.

Achat de 1000^{Hl} à 20^f . . . . F. 20000,00

A Hambourg pour frais :

Fret pour le Havre à fr. 45 par last et
  15 p. %. . . . . F 1617,19 ⎫
Assurance, ¹/₂ p % sur fr. 25000. . . 125,00 ⎬ 2182,19
Commission, 2 p. % sur fr. 22000 . . 440,00 ⎭

                          Total . . . F. 22182,19

Frais par Hl, 2ᶠ,18. Prix de revient de l'Hl, 22ᶠ,18.

L'achat de l'Hl coûte 640ᶠ : 32 = 20ᶠ. Le fret par Hl
= 45ᶠ : 32 = 1ᶠ,40625; pour 1000ᴴˡ = 1406ᶠ,25, auxquels
il faut ajouter 15 %, soit 1406ᶠ,25 × 0,15 = 210ᶠ,94 ;
total 1617ᶠ,19.

259. COMPTE D'ACHAT DE 1000 TCHETWERTS BLÉ ODESSA
POUR MARSEILLE.

Achat de 1000 tchetwerts à R. 22. . . . . . R. 22000,00

Frais jusqu'à bord :

Transport à la marine . . . . . R. 350,00 ⎫
Courtage, ¹/₂ p. % sur achat . . . . 110,00 ⎬ 914,00
Frais divers. . . . . 454,00 ⎭

                              R. . 22914,00
            Commission de 3 p. %. . 687,42
                     R. papier. . . . 23601,42

Autres frais :

Change de F. 1,17 par rouble papier. . . . F. 27613,66
Fret et chapeau à F. 6,40 par tchetwert. . . . 6400,00
Assurance, ¹/₂ p. % sur F. 30000. 150,00
Frais à Marseille à F. 0,82 par tchetwert . . . 820,00
                         Total. . . . 34983,66

Prix de revient de l'Hl . . . . . F. 17,49.

260. *Rép.* 3ᶠ,78 ; 4ᶠ,22 ; 2ᶠ,02 ; 1ᶠ,976. Nous prendrons
une moyenne en disant : Le fret pour Dunkerque varie de
35 à 40ᶠ ; la moyenne est de 37ᶠ,50 ; le chapeau 3ᶠ,75 ; les
frais divers de 6ᶠ ; total 47ᶠ,25 par 1000ᴷᵍ. La dépense pour

1^{hl} de $80^{Kg} = (47^f,25 : 1000) \times 80 = 3^f,78$. De même pour les autres places.

261. AUTRES CÉRÉALES.

262. *Rép.* $30^f,74$; $28^f,46$; $19^f,54$.   SEIGLE. Pour $24^f,75$, on a $0^{Kg},70 \times 115 = 80^{Kg},5$ de matières nutritives ; 1^{Kg} coûte $24^f,75 : 80,5 = 0^f,3074$, et 100^{Kg}, $30^f,74$. On trouve de même, pour l'orge, $18^f,50 : 65$; pour l'avoine, $17^f:87$.

263. MEULES.

264. *Erratum.* Supprimez la ligne 5. *Rép.* $0^f,615$.

Le meunier moud par jour $45^{Kg} \times 8 = 360^{Kg}$ de blé, rendant $360^{Kg} \times 0,75 = 270^{Kg}$ de farine ou 1,72 culasse, de 157^{Kg}. Sa dépense journalière est 1° pour le rhabillage, $(7^f \times 2) : 15 = 0^f,933$; 2° pour intérêt d'acquisition, $(0^f,06 \times 540) : 365 = 0^f,088$; 3° pour amortissement en 40 ans, $(540^f : 40) : 365 = 0^f,037$; en tout $1^f,058$. La dépense pour 1 culasse $= 1^f,058 : 1,72$.

265. MOUTURE. RENDEMENT.

266. *Rép.* Mouture économique, $33^f,06$; mouture française $34^f,24$.

Mouture économique. Le rendement de $1^{Kg} = 0^{Kg},62$; $0^{Kg},105$; $0^{Kg},025$, etc.; on trouve :

Farine 1re, $0^{Kg},62 \times 78 - 48^{Kg},36$ à 83^f les 157^{Kg},
$83^f \times 48,36 : 157$. . . . . . . $= 25^f,562$
  id. 2°, $0^{Kg},105 \times 78 = 8^{Kg},19$ à 80^f id.   4 ,172
  id. 3°, $0^{Kg},025 \times 78 = 1^{Kg},95$ à 76^f id.   0 ,944
Remoulage $0^{Kg},05 \times 78 = 3^{Kg},90$ à $0^f,145$ . . . 0 ,565
Petit son 0 ,07 $\times$ 78 = 5 ,46 à 0 ,14 . . . . 0 ,764
Gros son 0 ,10 $\times$ 78 = 7 ,80 à 0 ,135 . . . 1 ,053
                            Total. . . . . $33^f,06$

Mouture française. La culasse de farine vaut 88^f, 85^f, 82^f, etc. On trouve de même :

Farine 1re, 0^{Kg},386 $\times$ 78 = 30^{Kg},108 à 88^f les 157^{Kg},

    88^f $\times$ 30,108 : 157. . . . . =   16^f,88

Gruau 1re, 0^{Kg},194 $\times$ 78 = 15^{Kg},132 à 85^f id.   8 ,19

  id.   2e, 0^{Kg},098 $\times$ 78 = 7^{Kg},644 à 82^f id.   3 ,99

  id.   3e, 0^{Kg},048 $\times$ 78 = 3^{Kg},744 à 79^f id.   1 ,88

  id.   4e, 0^{Kg},024 $\times$ 78 = 1^{Kg},872 à 76^f id.   0 ,90

Recoupes, 0^{Kg},07 $\times$ 78 = 5^{Kg},46 à 0^f,145. . . .   0 ,79

Petit son, 0^{Kg},06 $\times$ 78 = 4^{Kg},68 à 0^f,14 . . . .   0 ,66

Gros son, 0^{Kg},09 $\times$ 78 = 7^{Kg},02 à 0^f,135 . . .   0 ,95

                                    Total. . . . .   34^f,24

267. *Erratum.* Mettez à 6 p. o/^{o} *par an.*

Rép.   1re Mouture.   2e Mouture.

	1re Mouture		2e Mouture
Intérêt	0^f,90	Intérêt	0^f,90
Bénéfice	0 ,283	Bénéfice	0 ,440
Transport	0 ,849	Transport	1 ,318
Mouture	1 ,019	Mouture	1 ,58

L'intérêt = (30^f $\times$ 0,06) : 2 = 0^f,90 : il reste dans chaque cas 2^f,16 et 3^f,34 d'écart pour les autres frais. En supposant le bénéfice 1, le transport = 3 et la mouture 3, 6; chacun des écarts (2^f,16, 3^f,34), doit être partagé proportionnellement à 1,3, et 3,6. Pour la mouture économique, on a donc : bénéfice (2^f,16 : 7, 6) $\times$ 1 = 0^f,283 ; transport (0,283) $\times$ 3 = 0^f,849 ; mouture 0,283 $\times$ 3,6 = 1^f,019. De même pour la mouture française.

268. *Rép.* 25 sacs plus 18^{Kg} ; 4 sacs plus 39^{Kg} ; 1 sac plus 2^{Kg}.   Le blé remis pèse 79^{Kg},5 $\times$ 80 = 6360^{Kg} et rend 6360^{Kg} $\times$ 0,62 = 3943^{Kg},2 de farine 1re ; 6360^{Kg} $\times$ 0,105 = 667^{Kg},8 de farine 2e ; 6360^{Kg} $\times$ 0,025 = 159^{Kg} farine 3e. En divisant ces quantités par 157, on a les réponses ci-dessus.

269. *Rép.* En *nature*: Grain, de 9^{Kg},75 à 15^{Kg},6 ; son, 4^{Kg},68. En *argent*, de 3^f à 4^f,80, plus 4^{Kg},68 de son.   Il y a 156^{Kg} de blé à moudre. Dans le 1er cas, le meunier recevra 156^{Kg}: 16, ou 156^{Kg} : 10 en blé, et 156^{Kg} $\times$ 0,03 en son. Dans le 2e cas, 48^f : 16 ou 48^f : 10 en argent, et 156^{Kg} $\times$ 0,03 en son.

270. FARINE.

271. *Erratum*. Mettez 27 sacs des trois sortes.

Rép. Marques hors lignes 6 sacs ; 1res marques 9 sacs ; farine 1re, 12 sacs. La farine doit revenir à 84^f en moyenne. En prenant 1 sac de la marque hors ligne contre 2 sacs de farine 1re, on gagne 1^f,50 sur ce prix moyen ; pour balancer ce gain, il faut prendre 1 sac ½ de farine 1res marques coûtant 85^f ; total 4 sacs ½. Or 27 : 4, 5 = 6 ; pour avoir 27 culasses, il faut donc acheter 6 fois plus de chacune de ces farines.

272. *Rép*. Perte 26^f,90 par culasse. Les frais de la culasse de farine sont : toile, 1^f,50 ; transport, 2^f,39 ; assurance, 0^f,40 ; fret 1^f,59 ; sortie 2^f,39 ; entrée, 1^f,59 ; commission, 1^f,59 ; divers 1^f,31, en tout 12^f,76. La culasse rendue à Londres revient à 87^f + 12^f,76 ; total 99^f,76. Or le quintal de 50^{kg},18 vaut à Londres, à la même époque, 1^f,26 × 18 + 0^f.10 × 6 = 23^f,28, et la culasse de 159^{kg}, (23^f,28 : 50, 8) × 159 = 72^f,86. Il y a plutôt avantage à acheter de la farine à Londres pour l'expédier à Paris.

273. ACHAT A NEW-YORK DE 1000 BARILS DE FARINE POUR LE HAVRE.

1000 barils à D. 6 le baril. . . . . D.		6000,00
Frais à New-York :		
Courtage d'achat, inspection, transport à 0^D,13 par baril		130,00
	D.	6130,00
Commission d'achat et de remboursement, 2 ½ p. °/°.		153,25
Courtage de négociation, ¼ p. °/° sur sommes précédentes		15,71
	D. . . .	6298,96

Valeur sur Paris, à 60j, à F. 5,20 par D... F. 32754,59

Frais au Havre :

Fret à F. 3,90 et 5 p. % en sus, par
    baril . . . . .F.   4095,00

Frais de tente et réception, 0^f,40 par
    baril   400,00

Ass. mar., 1 ³/₄ p. % ; ass. incend.
    ¹/₂ p. %₀₀ sur 38000^f   684,00

Comm. de banque, ¹/₄ p. % sur valeur
    à Paris.   81,89

Frais de vente, ¹/₄ p. % ; escompte, 2 ¹/₄
    p. % ; courtage, ¹/₄ p. % ; com-
    mission, ³/₄ %.   1400,00   6660,89

F 39415,48

Les K. 100 net reviennent à F. 44,79.

274. *Rép.* 0^f,487 ; 0^f,472 ; 0^f,467.   La farine de 1re qualité rend 157^{Kg} × 1,33 = 208^{Kg},81 de pain coûtant 85^f : 208,81 = 0^f,407 le Kg, plus 0^f,08 pour cuisson ; la farine 2e qualité rend 204^{Kg},1 de pain coûtant 0^f,392 d'achat et 0^f,08 de cuisson ; la farine 3e rend 196^{Kg},25 de pain revenant à 0^f,387 d'achat ; etc.

275. *Rép.* 76^f,70.   La culasse donne 157^{Kg} × 1,33 = 208^{Kg},81 de pain dont on retirera (2^f,52 : 6) × 208,81 = 87^f,70. Le meunier devra recevoir 87^f,70 — 11^f.

276. AMIDON.

277. *Rép.* 311^f,69.   Le blé pèse 74^{Kg}×18=1332^{Kg} ; il rend 1332^{Kg} × 0,72 = 959^{Kg},04 de farine ; celle-ci donne 959^{Kg},04 × 0,65 = 623^{Kg},376 d'amidon valant 0^f,50 × 623,376.

278. *Rép.* 44,72 et 63,92 p. %.   Pour 3^{Kg} du 1er amidon, il y a eu 4^{Kg} du 2e, achetés respectivement 0^f,79 × 3 = 2^f,37 et 0^f,85 × 4 = 3^f,40 ; total brut 5^f,77 et net 5^f,77 (1 — 0,02) = 5^f,6546. En divisant, je trouve que le total net réellement payé 230^f,59 = 5^f,6546 × 40,78. Les quantités réellement achetées sont donc 3^{Kg} × 40,78 = 122^{Kg},34 et 4^{Kg} × 40,78 = 163^{Kg},12 qui ont coûté net 0^f,79 × 122,34 × (1 — 0,02) = 94^f,71 et 230^f,59 — 94^f,71 = 135^f,88. Le 1er amidon a de plus coûté pour le port, $0^f,055 \times 122,34 = 6^f,73$, en tout $101^f,44$, et le 2e $0,055 \times 163,12 = 8^f,97$; en tout $144^f,85$. Le 1er a été vendu $1^f,20 \times 122,34 = 146^f,81$; le 2e $1^f,5 \times 163,12 = 244^f,68$. Le bénéfice sur le premier a été $146^f,81 - 101^f,44 = 45^f,37$ sur $101^f,44$; sur 1^f, de $45^f,37 : 101^f,44$; et sur 100^f, de $45^f,37 \times 100 : 101,44 = 44^f,72$. On trouve de même pour le 2e, $68,92$ p. %.

279. FÉCULE.

280. *Rép.* 41^f; $0,47$.   Les 3 balles pèsent $125^{Kg} \times 3 = 375^{Kg}$; elles ont coûté $150^f,68 : 0,98 = 153^f,75$ d'achat; le Kg a été payé $153^f,75 : 375 = 0^f,41$.   Le Dl rend $6^{Kg},4 \times 0,18 = 1^{Kg},152$ de fécule valant $0^f,41 \times 1,152$.

281. SIROPS.

282. *Rép.* 1 baril de sirop liquide; 4 barils de massé; 5 barils de froment.   Le sirop a été acheté $1878^f,66 : 0,98 = 1917^f$. Pour 1^{Kg} du 1er valant $0^f,45$, il y a 4^{Kg} du 2e valant $2^f,24$, et 5^{Kg} du 3e coûtant $3^f,70$: total $6^f,39$. Ce nombre étant contenu 300 fois dans 1917^f, il y a $1^{Kg} \times 300 = 300^{Kg}$ ou un baril de sirop liquide, $4^{Kg} \times 300 = 1200^{Kg}$ ou 4 barils de sirop massé, et $5^{Kg} \times 300 = 1500^{Kg}$ ou 5 barils de sirop de froment.

283. RIZ.

284. *Rép.* 78^{Kg}; 200^{Kg}; $215^{Kg},4$.   Le prix brut total est $241^f,88 : 0,97 = 249^f.36$. Le Caroline coûtant $56^f,82$ de plus que le Rangoon, et $95^f,76$ de plus que le Piémont, en ajoutant au total brut, $56^f,82$ d'une part, et $95^f,76$ de l'autre, on rendra dans ce total les prix du Rangoon et du Piémont égaux à celui du riz Caroline, de sorte que la nouvelle somme $401^f,94 = 3$ fois le prix du riz Caroline. Ce prix égale donc $401^f,94 : 3 = 133^f,98$. Par suite, le Rangoon vaut $133^f,98 - 56^f,82 = 77^f,16$ et le Piémont $133^f,98 - 95^f,76 = 38^f,22$. Le Rangoon valant $0^f,37$ le Kg, pour $77^f,16$ on a eu $(77,16 : 0,37) = 208^{Kg},54$ net ou $208^{Kg},54 : (0,997) = 215^{Kg},4$ brut. On trouve de même, riz Caroline, $(133,98 : 0,77) = 174$ Kg net ou $174 : 0,87 = 200^{Kg}$ brut, et pour le Piémont, $38^f,22 : 0,50) = 76^{Kg},44$ net ou $76,44 : 0,98 = 78^{Kg}$ brut.

285. SORGHO.

286. *Rép.* 12^f,24 ; 3^f,71 ; 4^f,08. L'Hl rend 58^{Kg} $\times$ 0,20 = 11^{Kg},6 de gros son ; 58^{Kg} $\times$ 0,22 = 12^{Kg},76 de petit son et 58^{Kg} $\times$ 0,57 = 33^{Kg},06 de farine. Si le gros son valait 10^c le Kg, le petit son vaudrait 11^c et la farine 33^c, et l'Hl produirait 10^c $\times$ 11,6 + 11^c $\times$ 12,76 + 33^c $\times$ 33,06 = 1347^c,34 = 13^f,4734. Si l'hect. produisait 1^f seulement, les prix supposés ci-dessus du Kg devraient être divisés par 13,4734 ou multipliés par 1 : 13,4734. L'Hl produisant 5^f, ces prix doivent être multipliés par 5 : 13,4734. Le Kg de gros son coûte donc 50^c : 13,4734 et les 100^{Kg}, 5000^c ou 50^f : 13, 4734 = 3^f,71 ; le petit son, 3^f,71 $\times$ 1,1 = 4^f,08, et la farine, 4^f,08 $\times$ 3 = 12^f,24.

287. ACHAT DE 82 TIERÇONS RIZ CAROLINE, DE CHARLESTON POUR LE HAVRE.

```
Poids brut L  .   53679,00
Tarè 12 p. %.     6441,48
        Net . L.  47237,52  à      D. 0,03 par L... D   1417,12
```

Frais à Charleston :

```
Courtage ½ p. %.   .   .   .D.     7,085
82 tierçons à D 0,50 .   .   .   .    41,00
Charroi .   .   .   .   .   .   .    21,00                    69,08
                                         Total . D.   1486,20
Remb$^t$ à Paris à F. 5,25 par D.   .   .   ,   .   .   . F.   7802,55
```

Frais au Havre :

```
Fret à F. 21 par tierçon et 5 p. %.   .   .  1808,10
Débarquement .   .   .   .   .   .   .   .   135,00
Ass. mar. 1 ¼ p. % sur F. 9000 .   .   .   112,50
Comm. de banque ¼ p. %.   .   .   .   .    19,51
Assur. incend. 1 p. ‰ sur F. 10000 .   .    10,00
Courtage  de  vente ¼ p %.   .   .   .   .
Escompte            1 ¼ p. %.   .   .   .   .
Ducroire            2    p. %.   .   .   .   .
                    ──────────────
                    3 ½ p. % sur
    F. 10000.   .   .   .   .   .   .   .   .      350.     2435,11
                                         Total.   . F.   10237,66
Poids net Kg 21445,834.       Prix des K. 50   F. 23,87
```

4

288. Graines oléagineuses ; rendement.

289. *Rép.* Pavot, 34^f,36 ; chènevis 10^f,87 ; sésame, 45^f,72 ; arachide, 9^f,40.　　L'Hl de pavot rend 62^{Kg} $\times$ 0,35 $=$ 21^{Kg},70 d'huile ; l'Hl de chènevis, 52^{Kg} $\times$ 0,22 $=$ 11^{Kg},44 ; l'Hl de sésame, 66^{Kg} $\times$ 0,5 $=$ 33^{Kg}; l'Hl d'arachide, 30^{Kg} $\times$ 0,3 $=$ 9^{Kg}. Quand le Kg d'huile de chènevis vaut 0^f,95, le Kg d'huile de pavot vaut 0^f,95 $\times$ $^5/_3$ $=$ 1^f,5833 ; le Kg de sésame 1^f,5833 $\times$ $^7/_8$ $=$ 1^f,3853 ; le Kg d'arachide, 0^f,95 $\times$ $^{11}/_{10}$ $=$ 1^f,045. 1^f,5833 $\times$ 21,70 $=$ 34^f,357. Etc.

290. *Rép.* Colza, 26^{Dl},66; navette, 59^{Dl},25; œillette, 41^{Dl},38; cameline, 75^{Dl} ; lin, 90^{Dl}; chanvre, 48^{Dl}.　Pour 1^f de colza, il y a 2^f de navette, 2^f : $^4/_3$ $=$ 1^f,50) d'œillette ; 1^f,50 $\times$ $^3/_2$ $=$ 2^f,25 de cameline; 2^f,25 $\times$ 2 $=$ 4^f,50 de lin; 4^f,50: 3 $=$ 1^f,50 de chanvre ; total 12^f,75. Cette somme étant contenue 80 fois dans le prix d'achat 1020^f, il a dû être acheté pour 80 fois plus de chaque graine, savoir : colza, 80^f; navette, 160^f; œillette, 120^f; cameline, 180^f; lin, 360^f; chanvre, 120^f. En divisant ces diverses sommes par le prix du Dl, on trouve les réponses ci-dessus.

291. Achat de 1 ardeb graine de sésame d'Alexandrie.

Achat. . . . . P.　　140.
Embarquement et frais. . . . . 　　3
Commission, 2 p. %. . . . . 　　2,8
　　　　　　　　　　　　　　　　　　　　P.　　145,8

Change à F. 5,40 par P. 20. . . . . .F.　　39,37
Droit de douane, 4^f par 100^{Kg} et d. décime . . 　　5,28
Fret, 1^f,50 par 100^{Kg} . . . . 　　1,65
Assurance, 1 p. % . . . . 　　0,39
　　　　　　　　　　　　　　　　　　　　F.　　46,69

Prix de revient des 100^{Kg} net. . . . . .F.　　43,76

Sur 110^{Kg}, il y a 110^{Kg} $\times$ 0,03 $=$ 3^{Kg},3 de tare ; reste net 106^{Kg},7 valant 46^f,69 ; prix du Kg, 46^f,69 : 106,7.

292. Achat de 10000 boisseaux arachides a Saint-Louis pour la France.

Achat 10000 boisseaux à F. 3, ... F.   30900,00

Embarquement et frais.   650,00

Comm^on 5 p. % (sur sommes précédentes) . .   1532,50

Total.   F.   32182,50

Rendement en Kg. . . . . 120000.

Prix de revient des Kg. 100. . . . . F.   26,82

Droit de douane 1^f par 100^{Kg} et d. décime . . .   1,20

Fret ; censerie, frais.   8,93

Total.   F.   36,95

Brut 6 p. %.   2,21

Prix de revient des 100^{Kg} net. . . . F.   39,16

293. HUILE ET TOURTEAUX.

294. *Rép.* $239^f,90$ les 100^{Kg} net.   Les 3 milleroles pèsent brut $70^{Kg} \times 3 = 210^{Kg}$ et coûtent, pour pesage $0^f,2 \times 2,1 = 0^f,42$, et pour transp. $0^f,25 \times 2,1 = 0^f,525$; total $0^f,945$. Déduisant $0^f,945$ de $434^f,62$ il reste $433^f,67$ pour prix de l'huile et des autres frais.   Pour 1^f d'huile, il y a $0^f,01$ de censerie, et $0^f,02$ de commission ; coût total $1^f,03$. La valeur nette de l'huile $= 433^f,67 : 1,03 = 421^f,04$. Cette huile pèse net $58^{Kg},5 \times 3 = 175^{Kg},5$; le Kg net coûte donc $421^f,04 : 175,5$.

295. *Erratum.* Mettez $731^f,74$ net.

Rép. Huile commune 255^{Kg} ; huile surfine 600^{Kg}.

L'excédant $731^f,74$ du prix de l'huile fine étant retranché de $1338^f,84$, le reste $607^f,10$ est la somme des deux prix nets d'achats rendus égaux au prix de l'huile commune. Ce prix égale donc $607^f,10 : 2 = 303^f,55$; celui de l'huile fine $= 303^f,55 + 731^f,74 = 1035^f,19$.   Pour 1^f d'achat on paye, escompte de 7 p. % déduit, $0^f,93$.   *Huile commune.* Il a été acheté pour $303^f,55 : 0,93 = 326^f,40$, pour lesquels on a eu, à $1^f,60$ le Kg, $326,4 : 1,6 = 204^{Kg}$ nets d'huile, ou $204^{Kg} : (1-0,2) = 255^{Kg}$ bruts. *Huile surfine.* Le prix d'achat $= 1035^f,29 : 0,93 = 1113^f,21$, représentant, à $2^f,30$ le Kg, 484^{Kg} nets, et avec la bonification, $484 + 15,5 = 499^{Kg},500$; le poids brut $= 499^{Kg},15 : (1 - 0,1675) = 600^{Kg}$.

296. *Rép.* 123^f,15. Les frais de fût et de peseur $= (0^f,04 + 0,0045) \times 58 = 2^f,58$. $75^f,80 - 2^f,58 = 73^f,22$, valeur de l'huile et des autres frais. Pour 1^f d'achat, il faut payer $0^f,02$ de comm^{un} et $0^f,005$ de censerie, soit $1^f,025$. $73^f,22 : 1,025 = 71^f,43$ est le prix qu'il faut payer la millerole. Le Kg doit être payé $71^f,43 : 58$, et les 100 ^{Kg}, $7143^f : 58$.

297. Huiles de graines oléagineuses.

298. *Rép.* Perte $2^f,39$. L'huile coûterait à Lille $115^f \times 2,20 = 253^f$, moins $7^f,59$ d'escompte; net $245^f,41$. Elle pèse $0^{Kg},915 \times 220 = 201^{Kg},3$; rendue à Paris, elle coûterait donc $245^f,41 + 0,05 \times 201,3 = 255^f,48$, et s'y revendrait $1^f,27 \times 201,3 = 255^f,65$, (moins l'escompte de 1 p. $^o/_o$, $2,56$), net $253^f,09$, c'est-à-dire avec une perte de $255^f,48 - 253^f,09$.

299. Arachides : $1^f,405$; $1^f,23$; $1^f,05$ le Kg. Sesame ; $0^f,908$; $0^f,795$; $0^f,68$. A 8^f; 7^f; 6^f le Kg des 3 huiles, les 100^{Kg} de graines d'arachides produiraient $8^f \times 18 + 7^f \times 6 + 6^f \times 6 = 222^f$. Leur produit étant $39^f = {}^{39}/_{222}$ ou $0,1756$ de 222^f, les prix du Kg sont 8^f, 7^f et 6^f multipliés chacun par $0,1756$; on trouve ainsi $1^f,405$; $1^f,23$ et $1^f,05$. Pour les graines d'arachides, à 8^f, 7^f et 6^f, on trouve $8^f \times 30 + 7^f \times 10 + 6^f, \times 10 = 370^f$. Le produit étant $42^f = {}^{42}/_{370}$ ou $0,1135$ de 370^f, les prix du Kg, sont $8^f \times 0,1135$; $7^f \times 0,1135$ et $6 \times 0,1135$; $(0^f,908$; $0^f,795$; $0^f,68)$.

300. *Rép.* Elle coûtait $3^f,54$ moins cher à Lille. *Lille.* L'Hl pesant 92^{Kg}, le Kg coûtait $90^f : 92 = 0^f,97826$ d'achat ; 100^{Kg} $97^f,83$; l'escompte de 3 p. $^o/_o = 2^f,93$; reste pour prix net, $94^f,90$; mais comme on paye un mois plus tard qu'à Rouen, nous allons déduire cet intérêt qui est de $94^f,90 \times 0,005 = 0^f,47$. Prix réel des 100^{Kg}, $94^f,43$. *Rouen.* 100 ^{Kg} coûtent 101^f moins l'esc. de 3 p. $^o/_o$; net $97^f,97$. Différence $97^f,97 - 94^f,43$.

301. *Rép.* Coco, $277^{Kg},31$; palme, $217^{Kg},02$. $^4/_5 = {}^8/_{10}$. Sur 1^f de la 1re, il y a $0^f,8$ de la 2° ; total $1^f,80$. $357^f,35 : 1,8 = 198^f,53$. Il a donc été payé pour $198^f,53$ d'huile de coco, et pour $198,53 \times 0,8 = 158^f,82$ d'huile de palme. *Coco.* 100^{Kg}

bruts, moins 18^{Kg} de tare, $= 82^{Kg}$ nets à $0^f,90$, valant $73^f,80$ d'achat ; escompte 3 p. $\%_0 = 2^f,21$; prix net des 100^{Kg} brut $71^f,59$, et du Kg, $0^f,7159$. $198,53 : 0,7159 = 277^{Kg},31$. *Palme.* $100^{Kg} - 18^{Kg} = 82^{Kg}$ nets, lesquels à $0^f,92 = 75^f,44$; escompte $2^f,26$; prix net des 100^{Kg}, $73^f,18$, et du Kg, $0^f,7318$, $158,82 : 0,7318 = 217^{Kg},02$.

302. *Rép.* A Paris, $120^f,40$; à Bordeaux, $133^f,945$; au Havre, $125^f,41$. Le Kg net coûte $140^f : 93 = 1^f,505$. A Paris, 100^{Kg} bruts $- 20^{Kg}$, donnent 80^{Kg} nets valant $1^f,505 \times 80 = 120^f,40$. A Bordeaux, 100^{Kg} bruts coûtent $1^f,505 \times (100 - 11)$; au Havre, $1^f,505 \times 100 (1 - {}^1/_6)$.

303. *Rép.* A Paris et au Havre, $559^{Kg},28$; à Nantes, $581^{Kg},05$. Le Kg net est payé $106^f : 92 = 1^f,1521$; l'escompte de 3 p. $\%_0 = 0^f,0346$; prix net $1^f,1175$. A Paris 1^{Kg} brut $= 0^{Kg},8$ net vaut $1^f,1175 \times 0,8 = 0^f,894$; pour 500^f, on aura $500 : 0,894 = 559^{Kg},28$. A Nantes 1^{Kg}, brut $= 0^{Kg},77$, net, vaut $1^f,1175 \times 0,77 = 0^f,86047$; pour 500^f, on aura $500 : 0,8605 = 581^{Kg},05$.

304. *Rép.* $41^f,29$ l'Hl. 1 schelling, 6 pence $= 1^f,25 + 0^f,625 = 1^f,875$. Le litre vaut $1^f,875 : 4,54 = 0^f,4129$.

305	Valeur	Rapport		Valeur	Rapport
Lin	$22^f,49$	1,046	Pavot	$23^f,19$	1,081
Arachide	23 ,10	1,077	Faine	22 ,97	1,076
Médid	21 ,89	1,018	Noix	22 ,67	1,054
Cameline	23 ,85	1,110	Sésame	29 ,37	1,366
Chènevis	18 ,17	0,845			

Les $4^{Kg},97$ d'azote contenus dans 100^{Kg} de colza valent $21^f,50$; 1 ^{Kg} d'azote vaut $21^f,50 : 4,97 = 4^f,326$. Les $5^{Kg},20$ d'azote du lin valent $4^f,326 \times 5,2 = 22^f,49$; les $5^{Kg},34$ de l'arachide, $4^f,326 \times 5,34 = 23^f,10$; etc. Quant aux rapports, $1 : 4,97 = 0,2012$. Par suite $5,20 : 4,97 = 0,2012 \times 5,20 = 1,046$. $5,34 : 4,97 = 0,2012 \times 5,20 = 1,077$. Etc.

306. SAVONS.

307. *Rép.* $41^f,65$ par 100^{Kg}. Les 67^{Kg} de soude et de corps gras du 1er savon valant 76^f, 1^{Kg} vaut $76^f : 67 =$

$1^f,134$. Les 25^{Kg} (100-75) des mêmes matières du 2e valent $1^f,134 \times 25 = 28^f,35$. En vendant les 100^{Kg} de ce 2e savon, 70^f, on les vend $70^f - 28^f,35 = 41^f,65$ de plus qu'ils ne valent.

308. BILLET. B. P. F. 1067,74.

A soixante-quinze jours de date, je payerai à M..., ou à son ordre, la somme de mille soixante-sept francs soixante-quatorze centimes, valeur reçue en marchandises.

Paris, le ....

Le savon coûte $0^f,77 \times 375 + 0^f,67 \times 1143 = 288^f,75 + 765^f,81 = 1054^f,56$. L'intérêt est de $(6^f : 12) \times 2,5 \times 10,5456 = 13^f,18$. Total à payer $1067^f,74$.

309. *Rép.* $0^f,85$; $0^f,68$. Prix fort $230^f,78 : (1-0^f,03) = 237^f,82$. A 1^f le Kg du 1er savon, le 2e coûterait $0^f,80$; les 124^{Kg}, 124^f ; les 195^{Kg}, 156^f ; total 280^f. En divisant, je trouve que le prix réel, $237^f,82 = 280^f \times 0,8496$. Les prix réels du Kg, sont $1^f \times 0,8496$ ou $0^f,85$, et $0^f,85 \times 0,8$.

310. COMPTE DE 80 CAISSES SAVON BLEU PALE VENANT DE MARSEILLE.

80 caisses, poids brut.   Kg. 12500
   Tare.   1410

Net Kg 11090 à F. 76 le %.		F.	8428,40
Escompte 3 p. %. . . , ...			252,85
		F.	8175,55
Fret de Marseille à F. 30 les Kg. 1000 bruts F.	375,00		
Frais à Rouen à F. 3 les Kg. 1000 bruts. .	37,50		
Chemin de fer à F 15 les Kg. 1000 bruts .	187,50		
Frais et magasinage à Paris	85,00		
Censerie de vente ½ p. %, comm^on 2 p. %.	210,71		895,71
Produit net		F	9071,26

312. *Rép.* 1212^{Kmq}, 12^{Ha}. Pour produire 200000000^{Kg} de sucre, il faut $200000000 : 0,055 = 3636363636^{Kg}$ de betteraves exigeant une surface de culture de $3636363636 : 30000 = 121212^{Ha}$ ou $1212^{Kmq},1212$.

314. *Rép.* $3^f,36$; $5^f,04$. 100^{Kg} de pulpe valent $8^f,40 \times {}^2/_5 = 3^f,36$; 1000^{Kg} betteraves donnant 150^{Kg} pulpe ; celle-ci vaut $3^f,36 \times 1,5 = 5,04$ et diminue d'autant le prix des betteraves.

315. *Rép.* $786^f,09$; $88^f,70$ et $94^f,02$ les 100^{Kg}. L'escompte à 6 p. $^0/_0$ par an pour 31j et pour $1^f = 0^f,06 \times 31 : 360 = 0^f,0052$; la commission, $0^f,0075$; retenue totale du banquier $0^f,0127$ par fr.; somme payée pour 1^f, $0^f,9873$. Le montant de la traite était donc $1^f \times 776^f,11 : 0,9873 = 786^f,09$. C'est le prix net d'achat. Le prix fort (l'escompte étant de 3 p. $^0/_0$) $= 786,09 : 0,97 = 810,40$ (n° 233). Le 2e sucre valant 1^f, le ^{Kg}, le 1er vaut $1^f,06$. 320^{Kg} à $1^f + 560 Kg$ à $1^f,06$ valent $913^f,60$. Or $913^f.60 = 91360^c$ sont les $91360/81040 = 0,887$ de $810^f,40 = 81040^c$. Les prix réels d'achat sont donc $1^f \times 0,887 = 0^f,887$, et $1^f,06 \times 0,887 = 0^f,9402$ le Kg.

316. *Rép.* $31^f,05$.   Les 100^{Kg} de sucre brut valent $1^f,40 \times 85 = 119^f$ p^r le sucre raffiné qu'ils contiennent, $0^f,37 \times 3 = 1^f,11$ pour la vergeoise ; $0^f,095 \times 10 = 0^f,95$ pour la mélasse ; total $121^f,06$, dont il faut déduire pour frais $12^f,11$; reste net $108^f,95$. On doit payer ce sucre $140^f - 108^f,95 = 31^f,05$ de moins par 100^{Kg} que le 1er.

317. *Rép.* 280^{Kg}. 1^f au comptant, vaut $1^f + 0^f,0075$ au bout de 45 jours, intérêt compris. Le sucre coûtait donc $180^f,64 : 1,0075 = 179^f,29$. Pour cette somme, on a reçu $179,29 : 0,64 = 280^{Kg}$ de sucre.

318. *Rép.* 310^{Kg}.   Pour 1^f de traite, il y a $0^f,0075$ d'intérêt (pour 45 jours), $0^f,0075$ de commission, $0^f,005$ de change ; il est payé net $0^f,98$. La facture $= 161^f,38 : 0,98 = 164^f,67$ qui, à $0,64$ le Kg, représentent le prix de $257^{Kg},30$ nets de sucre $(164,67 : 0,64)$. 1^{Kg} brut de sucre $= 0^{Kg},83$ net. $257^{Kg},30$ nets, $257,30 : 0,83 = 310^{Kg}$ bruts de sucre.

319. *Rép.* $1463^f,75$.   Le sucre coûte $0^f,95 \times 8420 = 7999^f,00$; l'escompte $= 7999^f \times 0,02 = 159^f,98$; prix net payable à 90j, $7839^f,02$. Le 1er billet remis est payable 70 jours avant le terme et le 2e, 75 jours. Il faut tenir compte des intérêts qu'ils ont rapportés pendant ce temps à 6 p. $^0/_0$.

Il a donc été donné en paiement 4170ᶠ (montant du 1ᵉʳ billet) + 48ᶠ,65 (intérêt); 2130ᶠ (montant du 2ᵉ billet) + 26ᶠ,62 (intérêt); total 6375ᶠ,27. Reste à mandater, 7839ᶠ,02—6375ᶠ,27.

320. Achat de 200 balles sucre chargées pour Marseille.

Saint-Denis (Réunion) le....

```
200 balles pesant
brut.  .  .  .  Kg    13000.
   Tare Kg 2 ½ par
balle  .  .  .  .  .       500
            Net Kg    12500  à F. 45 les Kg. 100....    5625ᶠ,00
Droit de sortie sur F. 5625, à 3 ¼ p. %     182,81
Dépôt et embarq. à F. 17,50 les Kg. 1000
   brut  .  .  .  .  .  .  .  .  .  .  .  .     227,50
Faux frais.  .  .  .  .  .  .  .  .  .  .         5,50         415,81
                                          F.      6040,81
            Commission 2 ½ p. %  .  .            151,02
                           Total  F.             6191,83
```

321. Vente de 200 balles sucre, 1ᵉʳ type, reçues de Saint-Pierre.

Marseille, le....

```
Poids brut  .  .  Kg.  12992,500
Tare 5ᴷᵍ par balle  .   1000,000
       Net    Kg.      11992,500
Montre à déduire ⅐
   p. %  .  .  .  .  .      17,130
       Net    Kg.      11975,370 à F. 54, les 50ᴷᵍ. F. 12933,40
            Escompte, 1 p. %  .  .  .  .          129,33
                     Valeur nette.  .       12804,07
```

Frais :

```
Fret à F. 100 par tonne brute et 10
   pour % en sus  .  .  .  .  .  .  F.     1430,00
Droit à F. 35 les 100ᴷᵍ et d. décime
   sur Kg 11992,5  .  .  .  .  .  .  .     5036,85
Pesage et portefaix.  .  .  .  .  .  .       64,70
Censerie ⅓ p. % sur F. 12804,07.  .          42,68
Assurance 3 p. % sur F. 6500  .  .          195,00
Menus frais  .  .  .  .  .  .  .  .  .         4,50      6773,73
                     Produit net    F.      19577,80
```

322. COMPTE DU NÉGOCIANT.

Vente aux halles :

40 corbeilles poires, 1re qual. ens. 100^{Kg} à F. 1^f,20.	F.	120,00
20 id. , 2e qual. ens. 50^{Kg} à F. 0, 80.		40,00
	Prix de vente F.	160,00

Frais :

Droit de facteur, 3 p. % . . . . . . F.	4,80	
Chemin de fer.	27,60	
Octroi, 4^f,80 par 100^{Kg}	7,20	
Autres frais	2,80	42,40
Prix net retiré F.		117,60

323. *Rép.* 47^f,50. Poids net acheté 126^{Kg} — 25^{Kg},2 = 100^{Kg},8. Sur 1^f,30 de vente, il y a 1^f pour prix de revient et 0^f,30 de bénéfice. Le prix de revient = 152^f,96 : 1,3 = 117^f,66 ; le prix net d'achat = 117^f,66 — 21^f,90 de frais = 95^f,76. Le Kg net coûte 95^f,76 : 100,8 = 0^f,95 ; les 50^{Kg}, 0^f,95 × 50.

324. *Rép.* 58^f,60. Une arrobe de 11^{Kg},5 coûte : achat, 0^f,265 × 31 = 8^f,215; transport, 2^f,50; douane, (0^f,16 + 0,032) × 11,5 = 2^f,21; octroi, 0^f,048 × 11,5 = 0^f,55; total: 13^f,48. Un Kg coûte 13^f,48 : 11,5 = 1^f,172 ; 50 ^{Kg}, 1^f,172 × 50.

325. *Rép* 15^f,16. Sur chaque fr. du prix de vente, il faut déduire 0^f,03 d'escompte et 0^f,03 de factage; soit 0^f,06 ; on retire net 0^f,94. Le bénéfice sur 1^f de vente = 0^f,94 × 0,40 = 0^f,376. Prix d'achat 0^f,94 — 0^f,376 = 0^f,564. 0^f,564 de marchandises rendues aux halles doivent être vendues 1^f. La balle de 12 caissetins, coûte 102^f,60 et doit être vendue 102^f,60 : 0,564 = 181^f,93, et le caissetin, 181^f,93 : 12.

326. *Rép.* 0^f,216; 0^f,17; 0^f,36. Appelons p_1, p_2, p_3, les prix des 3 caisses. $p_2 = p_1 + 8^f,40$, et $p_3 = p_2 - 1^f,40 = p_1 + 7^f$. Donc $p_1 + p_2 + p_3$ ou 69^f,40 = $3p_1 + 15^f,40$; $3p_1 = 69^f,40$ — 15^f,40 = 54^f, et $p_1 = 54^f : 3 = 18^f$. $p_2 = 26^f,40$ et $p_3 = 25^f$. Le négociant voulant vendre 100^f ce qui lui a coûté 69^f,40, doit vendre 100^f : 69, 4 = 1^f,44 ce qui lui a coûté 1^f. La

1re caisse sera donc vendue 1^f,44 $\times$ 18 $=$ 25^f,92, et une orange 25^f,92 : 120 $=$ 0^f,216 ; la 2e caisse 1^f,44 $\times$ 26,40 $=$ 38^f,01, et une orange, 0^f,17; la 3e caisse 1^f,44$\times$25$=$36^f, et une orange 0^f,36.

327. *Rép.* Pois, 44^f,35; haricots, 54^f,31.   Le Kg de blé vaut $\dfrac{27^f}{76}$. Par suite, les pois valent $\dfrac{27^f}{76} \times \dfrac{49}{31}$ le Kg, et $\dfrac{27^f}{76} \times \dfrac{49}{31}$ $\times$ 79 $=$ 44^f,35 l'Hl. Les haricots valent $\dfrac{27^f}{76} \times \dfrac{49}{25}$ le Kg, et $\dfrac{27^f}{76} \times \dfrac{49}{25} \times 78 = 54^f,31$ l'Hl.

328. *Rép.* 3^f,10. Appelons s la somme payée pour les Soissons (la plus faible). On a payé pour les Liancourt, $s + 78^f$; pour les Chartres, $s + 78^f + 462^f$; pour les haricots du pays, $s + 78^f + 462^f + 51^f$; total des prix, $4s + 1209^f = 4137^f$. $s = (4137^f - 1209^f) : 4 = 732^f$. Par suite les quatre sommes payées sont 732^f; 810^f; 1272^f; 1323^f. En divisant ces sommes par le prix de l'Hl de chaque sorte, on trouve que le marchand a acheté 18^{Hl} de Soissons ; 22^{Hl},5 de Liancourt, 36^{Hl} de Chartres, et 40^{Hl},5 du pays. Total 117^{Hl}, sur lesquels il a gagné 4500^f — 4137^f $=$ 363^f. Le bénéfice moyen a donc été 363^f : 117.

329. *Erratum.* Énoncé ligne 4. Mettez : *Combien de Kg de chaque espèce a vendus,* etc.   *Rép.* Beauce, 44^{Kg},116; Lorraine, 176^{Kg},464; Picardie, 352^{Kg},928; Auvergne, 529^{Kg},392.   Pour 1^{Hl} de Beauce vendu, on vend 4^{Hl} de Lorraine, 8^{Hl} de Picardie et 12^{Hl} d'Auvergne, et les bénéfices respectifs sont, d'après l'énoncé, 5^f, 16^f, 24^f et 72^f; total 117^f. Le bénéfice réel étant 63$^f = {}^{63}/_{117} = 0,5384$ de 117^f, les quantités réellement vendues sont les quantités supposées : 1^{Hl}, 4^{Hl}, 8^{Hl}, 12^{Hl}, multipliées par 0,5384, et en poids 82^{Kg} $\times$ 0,5384 $=$ 44^{Kg},116 ; 44^{Kg},116 $\times$ 4 ; 44^{Kg},116 $\times$ 8 ; et 44^{Kg}, 116 $\times$ 12.

330. *Rép.* 20^{Hl},64 ; 16^{Hl},51 ; 13^{Hl},21.   L'Hl des Noyon coûte 28^f; id. des Poitou, 28^f — $^1/_{14}$ de 28^f $=$ 26^f. Ce 2e prix 26^f $=$ le prix des Dunkerque $\times$ (1 $+$ $^2/_{11}$); donc ce dernier

prix $= 26^f : (1 + {}^2/_{11}) = 22^f$.   Pour 1^{Hl} des Poitou, j'ai acheté $1^{Hl} {}^1/_4$ ou $1^{Hl},25$ des Noyon, et $1^{Hl} - {}^1/_5{}^{Hl} = 0^{Hl},8$ des Dunkerque ; ces Hl coûtent ensemble $26^f + 28^f \times 1,25 + 22^f \times 0,8 = 78^f,60$. En divisant le prix total de mon achat 1298^f par $78,60$, je trouve que $1298^f = 78^f,60 \times 16,51$. Les nombres d'Hl réellement achetés sont donc égaux à 1^{Hl}, $1^{Hl},25$; $1^{Hl},8$ multipliés respectivement par $16,51$.

331. CACAO. Note explicative.

332. *Rép.* $1^f,205$.   Pour avoir 20^{Kg} de chocolat, il faut employer : 1°. $20^{Kg} \times {}^5/_8 = 12^{Kg},500$ de cacao épluché, représentant $12^{Kg},5 : {}^5/_6 = 15^{Kg}$ de cacao ordinaire, lesquels, à $2 \times (4^f \times 28) : 50 = 4^f,48$ le Kg, valent $67^f,20$; 2°. $20^{Kg} \times {}^3/_8 = 7^{Kg},500$ de sucre à $1^f,50$, valant $11^f,25$; 3°. charbon et papier, 2^f; 4°. main-d'œuvre, $0^f,80 \times 20 = 16^f,00$; total $96^f,45$. Le Kg revient à $96^f,45 : 20 = 4^f,82$; la tablette à $4^f,82 \times 0,25$.

333. ACHAT DE 100 SACS CACAO SANTIAGO DE CUBA EMBARQUÉS SUR LE NAVIRE ***.

Poids net, Kg 13000 à P. 15 les Kg 100.	P.	1950,00
Fourniture de sacs et emballage	.	84,50
Total.	P.	2034,50
Droits de sortie et tare.	.	97,50
Charroi, pesage	.	20,00
Total d'achat.	P.	2152,00
Commission, 2 ½ p. %	.	53,80
Total.	P.	2205,80
Au change de F. 5,15 par piastre. . .	F.	11359,87
Fret à F. 90 par tonne et chapeau. . .	.	1287,00
Tirage sur France, 3 p. % sur F. 13038. .	.	391,14
Total.	F.	13038,01
Prix des Kg 100.	F.	100,29.

334. CAFÉ. Classification des cafés.

335. *Rép.* 142840100^f.   Pour 1^{Kg} il reste, tare déduite, $0^{Kg},98$; $0^{Kg},95$; $0^{Kg},84$. Valeur du café du Brésil, $2^f,70 \times 75$

$\times$ 200000 $\times$ 0,95 = 38475000^f; du Haïti, 2^f,20 $\times$ 68 $\times$ 200000 $\times$ 0,98 = 29321600^f; des Indes, 2^f,50 $\times$ 63 $\times$ 250000 $\times$ 0,98 = 38587500^f ; du Cuba = 3^f,10 $\times$ 350 $\times$ 40000 $\times$ 0,84 = 36456000^f. Total.... 142840100^f.

336. *Rép.* Proportions : 0^{Kg},2315 de Java pour 0^{Kg},3990 de Moka ; 0^{Kg},2258 de Ceylan pour 0^{Kg},007 de Bahia. L'èscompte déduit, il reste pour le prix net du Kg de Java 3^f,201; de Moka 3^f,8315; de Ceylan 3^f,007; de Bahia 2^f,7742. En opérant comme il est expliqué dans l'arithm. n° 3 (n° 197), on trouve les proportions ci-dessus. Voici le tableau des opérations :

Java	3^f,201	0,2315	Ceylan	3^f,007	0,2258
	3^f,60.			3^f.	
Moka	3^f,8315	0,3990	Bahia	2^f,7742	0,0070

Nous croyons devoir répéter ici l'explication donnée dans l'arithm. n° 3. Pour 1^{Kg} de Java, mis dans le mélange, il y a perte de 0^f,3990 ; pour 1^{Kg} de Moka, gain de 0^f,2315. Pour 0^{Kg},2315 de Java, perte de 0^f,3990 $\times$ 0,2315 ; pour 0^{Kg},3990 de Moka, gain de 0^f,2315 $\times$ 0,3990, égal à la perte. La même égalité de la perte et du gain aura lieu si on mélange ces quantités 0^{Kg},2315 de Java et 0^{Kg},3990, multipliées par le même nombre quelconque. Même raisonnement pour le Ceylan et le Bahia.

Conséquence Avec 2315^{Kg} de Java, on mélangera 3990^{Kg} de Moka ; avec 1^{Kg} de Java, on mélangera $^{3990}/_{2315}$ de Moka.

337. *Rép.* Les élèves doivent reproduire le compte tel qu'il est disposé dans leur livre en remplaçant les » considérés verticalement et de gauche à droite (quand il y en a deux à côté l'un de l'autre) par les nombres suivants :
R.: 9000000 ; 10338249 ; 516912 ; 25846 ; 10881007 ; F.: 32002,92; 1800,04; 86,75; 468,45; 2670,64; 34673,56; 47,37.

337 *bis*. POIVRE. Classification ; mode de vente.

338. *Rép.* 697^f,25. Sur 3^{Kg}, 1re espèce, il y avait 4^{Kg} Saïgon et 7^{Kg} léger ; total 14 ^{Kg}. Mais 210^{Kg} = 14^{Kg} $\times$ 15 ; l'achat se composait donc de 3^{Kg} $\times$ 15 = 45^{Kg} poivre lourd à

$3^f,55$ valant $159^f,75$; de $4^{Kg} \times 15 = 60^{Kg}$ poivre Saïgon à $3^f,45$ valant $207^f,00$; de $7^{Kg} \times 15 = 105^{Kg}$ poivre léger à $3^f,30$ valant $346^f,50$. Le prix d'achat brut $= 159^f,75 + 207^f + 346^f,50 = 713^f,25$, et net (escompte de 2 p. % déduit) $= 698^f,99$. L'intérêt de cette somme, pour les 15 jours payés en avance, $= (0^f,06 \times 698,99) : 24 = 1^f,74$ à déduire de $698^f,99$.

339. CANNELLE. Note explicative.

340. *Rép.* $23^{Kg},17$. Pour 100^f dus, on a retenu $(6^f : 12) \times {}^2/_3 = 0^f,333$ d'escompte et $0^f,75$ de commission, et payé seulement $98^f,917$. La valeur du billet payé $= 148^f,33 : 0,98917 = 149^f,95$. $60^{Kg},3$ de cannelle valent en France $(5^f,42 \times 12 \times 3) \times 2 = 390^f,24$; le Kg vaut $390^f,24 : 60,3 = 6,470$. Pour $149^f,95$, on a dû avoir $(149,95 : 6,47)$ Kg.

341. THÉS. Prix de vente des thés.

342.

THÉS	POIDS en kilog.	PRIX EN FRANCS	PRIX EN TAELS
Bohé........	83,421	De 250^f,26 à 417^f,10	29,79 à 49,65
Souchong	36,874	» 184 ,37 à 295 ,00	21,95 à 35,12
Congo.......	38,688	» 154 ,75 à 270 ,82	18,42 à 32,24
Pékoé.......	30,225	» 362 ,70 à 544 ,05	43,18 à 64,77
Hyson.......	29,620	» 148 ,10 à 162 ,91	17,63 à 19,39
Poudre à canon	49,569	» 247 ,85 à 346 ,98	29,50 à 41,30
Impérial.....	43,524	» 217 ,62 à 304 ,67	25,90 à 36,27
Touankay....	38,688	» 135 ,40 à 154 ,75	16,12 à 18,42

Thé Bohé. 138 catties pèsent $0^{Kg},6045 \times 138 = 83^{Kg},421$. La caisse vaut de $3^f \times 83,421 = 250^f,26$ à $5^f \times 83,421 = 417,105$. Nombres de taëls : $250,26 : 8,40 = 29,79$; $417,105 : 8,4 = 49^f,65$. De même pour les autres sortes de thé.

343. *Rép.* Impérial 4^{Kg} ; poudre à canon 10^{Kg} ; hyson 6^{Kg}. 1^f d'achat se réduit à $0^f,97$ net ; $407^f,40$ nets donnent $407^f,40 : 0,97 = 420^f$ d'achat.

En prenant 1^{Kg} de chaque espèce, les 3^{Kg} reviendront à 21^f et le Kg à 7^f en moyenne. Pour 420^f, le marchand aura ainsi $420 : 7 = 60^{Kg}$, soit 20^{Kg} de chaque sorte. Les 20^{Kg} seront vendus $8^f \times 20 = 160^f$, prix brut de vente comprenant $0^f,1636$ de bénéfice par fr. Le prix d'achat $= 160^f : 1,1636 = 137^f,50$. Le mélange doit contenir 10^{Kg} du 2e thé à $6^f,25$. Les 10^{Kg} des 2 autres sortes vaudront donc $137^f,50 - 62^f,50 = 75^f$ d'achat, en moyenne, $7^f,50$ le Kg. Cherchons les proportions :

Imp., $6^f,75$		$0^{Kg},50$	$0,50 + 0,75 = 1,25.$ $10 : 1,25$
	$7^f,50$		$= 8.$ Le mélange contiendra
Hyson, 8^f		$0^{Kg},75$	$0^{Kg},50 \times 8 = 4^{Kg}$ du 1er thé;

$0,50 + 0,75 = 1,25.$ $10 : 1,25 = 8.$ Le mélange contiendra $0^{Kg},50 \times 8 = 4^{Kg}$ du 1er thé; 10^{Kg} du 2e et $0^{Kg},75 \times 8 = 6^{Kg}$ du 3e.

344. BEURRE. Mode de vente aux halles.

345. COMPTE DE L'EXPÉDITEUR :

Vente de $37^{Kg},500$ beurre, pour		$80^f,00$
Frais : Chemin de fer.	$5^f,50$	
Octroi, $0^f,10$ par Kg. . .	$3\ ,75$	
Droit de vente, 6 p. % . .	$4\ ,80$	
Frais divers	$1\ ,20$	$15^f,25$
Produit net		$64^f,75$
Prix de revient du Kg.		$1^f,72$

346. FROMAGES. Classification ; mode de vente.

347. *Rép.* $193^f,68$.   Prix d'achat $107^f \times 16,14 = 1726^f,98$; étrennes, 80^f ; frais, $84^f,50$; total déboursé, $1891^f,48$, dont l'intérêt pour 3 mois à 6 p. % — $28^f,37$; prix final de revient, $1919^f,85$.   Prix brut de vente : $135^f \times 16,14 = 2178^f,90$; escompte de 3 p. %, $65^f,37$; net, $2113^f,53$. Bénéfice, $2113^f,53 - 1919^f,85$.

348. *Erratum,* 3e ligne. Mettez au prix *net* de 220^f. *Rép.* $2^f,60$.   Prix d'achat, $2^f,20 \times 4 \times 12 \times 4 = 422^f,40$; transport, 4^f ; chemin de fer, $9^f,80$; total, $436^f,20$. Bénéfice à faire, $436^f,20 \times 0^f,03 = 13^f,09$. Prix de vente, $449^f,29$. Le poids du fromage net $= 192^{Kg} - 19^{Kg},2 = 172^{Kg},8$. Prix de vente du Kg, $449^f,29 : 172,8$.

349. Prix moyens des fromages frais a Paris.

350. *Rép*. Olivet, $0^f,62$; Neufchâtel, $0^f,30$; Montlhéry, $1^f,705$.

Le prix d'achat des fromages est $(5^f \times 4) + (2^f.40 \times 15) + (1^f,14 \times 40) = 101^f,60$; le transport coûte $29^f,15$; coût total, $130^f,75$. Bénéfice total, $181^f,15 - 130^f,75 = 50^f,40$; bénéfice par franc d'achat, $50^f,40 : 101,6 = 0^f,196$. Il faut revendre $1^f,496$ ce qui coûte 1^f. La douzaine d'Olivet sera revendue $5^f \times 1,496 = 7^f,48$ et chaque fromage $7^f,48 : 12 = 0^f,62$. De même, chaque Neufchâtel se vendra $(2^f,40 \times 1,496) : 12$; et chaque Montlhéry, $1^f,14 \times 1,496$.

351. OEufs. Note sur l'importance de ce trafic.

352. *Rép*. Paris, 3878787 ; France, 77575740 ; Angleterre, 5876951. Dans 8 ans, une poule pond $20 + 80 + 80 + 80 + 80 + 70 + 60 + 25 = 495$ œufs ; par an, en moyenne, $^{495}/_8$. La consommation de Paris est de $20000000 \times 12 = 240000000$ œufs exigeant $240000000 : {^{495}/_8} = 3878787$ poules. Celle de la France en exige 20 fois plus. L'exportation pour l'Angleterre $= 20000000 : 0,055 = 363636363$ œufs et exige $363636363 : {^{495}/_8} = 5876951$ poules.

353. *Rép*. $388^f,53$. Il est dû $2000 - 34 = 1966$ œufs de choix, valant, à 90^f le mille, $176^f,94$; et $3000 - 46 = 2954$ œufs moyens valant, à 75^f le mille, $221^f,55$; total $398^f,49$. Les frais, à $2\,^1/_2$ p. $^0/_0$, $= 9^f,96$. Net à recevoir $398^f,49 - 9^f,96$.

354. Vins. Production ; importance du commerce.

355. *Rép*. Barils, $6^f,615$ à $15^f,435$; tierçons, $^1/_2$ caques, etc., $23^f,37$ à 30^f ; caques, quartauts, etc., $40^f,13$ à $63^f,50$, $^1/_2$ queues, barriques, etc., $77^f,175$ à $119^f,07$; muids, $127^f,89$ à $171^f,99$; pipes, etc., $202^f,86$ à $246^f,96$; grandes pipes, $308^f,70$ à $396^f,90$. L'escompte $= 45^f \times 0,02 = 0^f,90$; l'Hl vaut net $44^f,10$ et le $l.$ $0^f,441$. Les barils coûtent $0^f,441 \times 15$ à $0^f,441 \times 35$; etc.

356. *Rép*. $0^f,028$. Le transport de 250^{Kg} coûte $27^f \times 0,25 = 6^f,75$. Le vin, contenu dans le fût, pèse $250^{Kg} - 14^{Kg} = 236^{Kg}$; il y en a $236 : 0,995 = 237^l$. Coût du $l.$, $6^f,75 : 237$.

357. *Rép.* 207^f,08 ; 102^f,47.   Le vin a été vendu 2195^f,12 + 178^f = 2373^f,12, non compris les autres frais. Six barriques ont été vendues, 2373^f,12 : 2 = 1186^f,56 et les 12 autres la même somme. Sur 100^f de vente des premières, le vigneron ayant payé 3^f de commission et 1^f,50 pour dûcroire, n'a reçu que 100^f — 4^f,50 = 95^f,50 ou 0^f,955 sur 1 fr. Ce vin a donc dû être vendu 1186^f,56 : 0,955 = 1242^f,47 et la barrique 1242^f,47 : 6.   Sur 100^f de vente de l'autre vin, il n'a été reçu que 100^f — (2^f + 1,50) = 96^f,50, ou 0^f,965 sur 1 fr. ; ce vin a été vendu 1186^f,56 : 0,965 = 1229^f,66, et la barrique 1229^f,66 : 12.

358. **Eaux-de-vie.** Classification des eaux-de-vie et alcools.

359. *Rép.* 1^f,598 ; 130^q,2.   Un quintal donne 4^{kg} d'alcool. Une velte contient 0^{kg},840 × 7,61 = 6^{kg},3924 d'alcool ; pour avoir ce poids, il faut 6,3924 : 4 = 1^{ql},598 de betteraves. Une pipe contient 0^{kg},840 × 620 = 520^{kg},800 d'alcool et exige 520,80 : 4 = 130^q,2.

360. *Rép.* 1030^f,38.   52° coûtent 95^f ; 1° coûte $^{95}/_{52}$ et 47° valent (95 × 47) : 52 = 85^f,865. L'Hl à 47° ne vaut en réalité que 85^f,865 ; les 12^{Hl} achetés valent 85^f,865 × 12.

361. *Rép.* 1^f,383; 0^f,95.   *Cidre de pommes.* 1^{Hl} rend 6^l coûtant 0^f,30 × 6 = 1^f,80 de fabrication, et qu'il faut vendre 6^f,50 + 1^f,80 = 8^f,30. Le litre sera vendu 8^f,30 : 6 = 1^f,383. *Cidre de poires.* 1^{Hl} rend 10^l, coûtant 3^f de fabrication, qu'il faut vendre 6^l,50 + 3^f = 9^f,50. Prix du l., 9^f,50 : 10.

362. *Rép.* 1^f,049 ; 1^f,30.   100^l + 84^l ou 184^l de $^3/_6$ Nord à 50° valent (125^f + 25^f) × 184 : 2 ou 138^f de droits + 55^f d'achat = 193^f ; le litre vaut 193^f : 184. De même 184^l de $^3/_4$ Languedoc valent 138^f + 81^f = 219^f; le litre vaut 219^f : 184 = 1^f,30.

363. **Commerce des engrais.** Distinction des engrais.

364. **Engrais animaux.** Dosage et prix ordinaires.

365. *Rép.* 15^f.   Les matières ayant une valeur réelle sont :

l'azote, 4^{Kg} à 2^f pour 8^f ; le phosphate de chaux, contenant $35^{Kg} : 2 = 17^{Kg},5$ d'acide phosphorique à $0^f,40$ pour 7^f. Total, 15^f.

366. RENDEMENT DES BESTIAUX. (Viande, suif, peau et issues.)

367. *Rép.* $899^f,84$; $125^f,65$.   *Bœuf.* Il a rendu $760^{Kg} \times 0,54 = 410^{Kg},400$ de viande à $1^f,80$ valant $738^f,72$; $760^{Kg} \times 0,08 = 60^{Kg},800$ de suif à $(1^f,80 \times {}^3/_4)$ ou $1^f,35$ valant $82^f,08$; $760^{Kg} \times 0,06 = 45^{Kg},600$ de peau à $(1^f,80 \times {}^2/_3)$ ou $1^f,20$, pour $54^f,72$; $760^{Kg} \times 0,16 = 121^{Kg},600$ d'issues à $(1^f,80 : 9)$ ou $0^f,20$, pour $24^f,32$.   Rendement total : $899^f,84$.   *Veau.* Il a rendu $87^{Kg} \times 0,62 = 53^{Kg},940$ de viande à $1^f,90$ valant $102^f,486$; $87^{Kg} \times 0,06 = 5^{Kg},22$ de suif à $1^f,425$ pour $7^f,438$; $87^{Kg} \times 0,07 = 6^{Kg},09$ de peau à $2^f,28$ pour $13^f,885$; $87^{Kg} \times 0,10 = 8^{Kg},70$ d'issues à $0^f,211$ pour $1^f,8357$. Total $125^f,65$.

368. *Rép.* $127^f,50$ pour les bœufs ; 237^f pour les moutons. *Bœufs.* On paierait par wagons : $0^f,27 \times 2 \times 175 = 94^f,50$; autrement $(0,10 \times 12 \times 175) + 1^f \times 12 = 222^f$. Diff. $222^f - 94^f,50$.   *Moutons.* Par wagons, il sera dû : $0^f,18 \times 2 \times 175 = 63^f,00$; autrement, $(0^f,02 \times 80 \times 175) + (0^f,25 \times 80) = 300^f,00$. Différence $300^f - 63^f,00$.

369. *Rép.* $6538^f,85$; $4,68$ p. $^0/_0$.   *Produit.* $490^f \times 14 = 6860^f$. *Frais.* Entrée au marché, $10^f,50$; cordages, $1^f,40$; nourriture, $23^f,20$; chemin de fer, $217^f,45$; commission, $68^f,60$; total $321^f,15$. *Produit net.* $6860^f - 321^f,15$. Frais p. $^0/_0$, $321^f,15 \times 100 : 6860$.

370. *Rép.* *Bœufs*, $574^f,58$; *moutons*, $2623^f,30$.   D'après le n° 366, le bœuf rendra $538^{Kg} \times 0,60 = 322^{Kg},8$ de viande à $1^f,78$ le Kg. Les 20 moutons, 1er choix, rendront $39^{Kg} \times 0,52 \times 20 = 405^{Kg},600$ de viande à $2^f,66$ valant $1078^f,896$; les 40 moutons, 2e choix, rendront $39^{Kg} \times 0,45 \times 40 = 702^{Kg}$ de viande à $2^f,20$ pour $1544^f,40$.

371. *Rép.* $1^f,24$. 100^{Kg} de bœuf en viande sur pied valent 62^f et rendent 50^{Kg} de viande nette. Le Kg de viande nette doit donc se vendre $62^f : 50$.

372. *Erratum*, 8ᵉ ligne. Mettez : *moins cher par Kg.*

Rép. Bœuf, 1ᶠ,79 ; *mouton*, 2ᶠ,08. Le bœuf et le mouton pesaient 47^{Kg} + 172^{Kg} = 219^{Kg} qui ont payé pour entrée et droit de place (0ᶠ,105 + 0ᶠ,02) × 219 = 27ᶠ,375. 361ᶠ,16 +27ᶠ,38+12ᶠ=400ᶠ,54. Cette somme est le prix de vente diminué de 1 p. %(droit du facteur), c'est-à-dire ce prix × 0,99 ; ce prix égale donc 400ᶠ,54 : 0,99 = 404ᶠ,58. Supposons maintenant que le Kg de mouton ait été vendu 1ᶠ, et par suite le Kg de bœuf, ⁶/₇ de fr.; le prix total serait dans ce cas 47ᶠ + ⁶/₇ᶠ × 172 = ¹³⁶¹/₇ fr. Je divise le prix réel 404ᶠ,58 par ¹³⁶¹/₇. Je trouve ainsi que 404ᶠ,58 = ¹³⁶¹/₇ fr. × 2,08. Les prix réels du Kg sont donc 1ᶠ × 2,08 et ⁶/₇ fr. × 2,08, c'est-à dire 2ᶠ,08 et 1ᶠ,79 (mouton et bœuf).

373. SUIF. Note explicative.

374. *Rép.* 3ᶠ ; 12ᶠ,70. 100^{Kg} suif en rames contiennent, eau déduite, 80^{Kg} de suif en pain ; le Kg vaut 88ᶠ : 80 = 1ᶠ,10 et les 100^{Kg}, 110ᶠ ; diff. 113ᶠ — 110ᶠ. Le suif en pain converti en chandelles perd 2 p. %. 98^{Kg} valent 113ᶠ ; 1^{Kg} vaut 1ᶠ,1530 ; 100^{Kg} valent 115ᶠ,30 ; diff. 128ᶠ — 115ᶠ,30.

375. *Rép.* Suif de Russie 1ᶠ,20 ; *id.* d'Amérique 0ᶠ,90. Le suif de Russie pesait net 16^{Kg},38 × 30 × 0,88 = 432^{Kg},432, et celui d'Amérique 325^{Kg} × 0,85 = 276^{Kg},250. Supposons maintenant que le suif d'Amérique se paie 1ᶠ et le suif de Russie 1ᶠ ¹/₃ le Kg ; les quantités précédentes se paieraient 276ᶠ,25 + (1ᶠ ¹/₃) × 432,432 = 852ᶠ,826. Je divise le prix réel 767ᶠ,55 par 852ᶠ,826 et je trouve que 767ᶠ,55 = 852ᶠ,826 × 0,90. J'en conclus que les prix réels sont pour le suif d'Amérique 1ᶠ × 0,90 et pour l'autre 0ᶠ,90 ×(1 + ¹/₃).

376. *Rép.* 0^{Kg},355 de stéarine et 0^{Kg},645 d'oléine. La question proposée peut se traduire ainsi. Le Kg de stéarine valant 1ᶠ,94 et le Kg d'oléine 0ᶠ,86, dans quelle proportion doit-on les mélanger pour que le Kg du suif ainsi obtenu vaille (113ᶠ + 14ᶠ,30) : 100 = 1ᶠ,243. J'applique le procédé ordinaire. (Voyez Ex. 336.)

1^f,94   0,383 | Proportion : 0^{Kg},383 de stéarine
    1^f,243 | avec 0^{Kg},697 d'oléine.   0,383 +
0^f,86   0,697 | 0,697 = 1,080.   1^{Kg},080 de suif
                                   | ainsi composé contient 0^{Kg},383 de

stéarine et 0^{Kg},697 d'oléine ; 1^{Kg} de ce suif doit contenir 0^{Kg},383 : 1,080 de stéarine, et 0^{Kg},697 : 1,080 d'oléine.   Nous avons fait ces deux divisions.

377. CHANDELLE. Conditions de vente.

378. *Rép.* 15^f,63 p. $^o/_o$.   Le marchand a acheté 200 : 2,5 = 80 paquets de chandelle Il a vendu 80 × $^3/_4$ = 60 paquets à 3^f.50 pour 210^f; puis 20 paquets de 30 chandelles ou 600 chandelles à 0^f,15 pour 90^f; total, 300^f. La 1re vente était payable 3 mois $^1/_2$ après l'époque à laquelle le marchand devait lui même payer ; la 2e vente a été payée 15 jours avant ; il faut donc déduire l'intérêt à 6 p. $^o/_o$ de 210^f pendant 3 mois 1/2, soit 3^f,68, et ajouter celui de 90^f pendant $^1/_2$ mois, soit 0^f,22. Le prix de vente net est donc 300^f + 0^{f}22 — 3^f,68 = 296^f,54. Le bénéfice net = 296^f,54 — 256^f,46 = 40^f,08 ; le bénéfice par 100 fr. = 40^f,08 : 2,5646.

379. BOUGIES. Conditions de vente.

380. *Rép.* Etoile, 1^f,30 ; comète, 1^f,20.   1er escompte : 1^f — 0^f,03 = 0^f,97 ; 2e id.: 0^f,97 — 0^f,97 × 0,005 = 0^f,96515

1^f, se réduisant à 0^f,96515 net, le prix fort total contient 1^f autant de fois que 1206^f,44 contiennent 0^f,96515. Je divise et je trouve 1250. Appelons p + 50^f et p les prix des deux sortes de bougies par 500 paquets. p + 50 + p ou 2p + 50^f = 1250^f; 2p = 1200^f; p = 600^f; p + 50^f = 650^f. Le paquet de bougies de l'Etoile vaut 650^f : 500; id. de la Comète 600^f : 500.

381. CUIRS EN POILS. Classification.

382. *Rép.* 15 peaux.   L'achat brut = 977^f,22 : 0,98 = 997^f,16. Dans cette somme il y a pour 446^f,88 de bœufs (1^f,14 × 98 × 4); pour 267^f,80 de vaches (1^f,04 × 51,5 × 5) ; pour 167^f,69 de veaux sans tête (2^f,04 × 13,7 × 6) ;

il reste pour peaux de moutons 997f,16 — 882f,37 = 114f,79, prix de 15 peaux à 7f,50 environ pièce.

383. B. P. F. 5177,17.

A vingt-cinq jours de date, veuillez payer à l'ordre de..... la somme de cinq mille cent soixante-dix-sept francs dix-sept centimes que vous passerez en compte.

Paris, le......

La facture contient : 252^{Kg} Pernambouc, pour 315f ; 370^{Kg} Buenos-Ayres. pour 444f ; 1509^{Kg} Chili, pour 1840f,98 ; 607^{Kg} Algérie, pour 576f,65 ; 215^{Kg} Bahia, pour 225f,75 ; 375^{Kg} saladeros, pour 311f,25 ; 916^{Kg} mataderos, pour 696f,16 ; 615^{Kg} New-York, pour 430f,50; 240 chèvres, pour 280f; 14 chevaux, Plata pour 217f ; total 5337f,29. Escompte, 3 p^r % = 160f,12. Net à payer : 5177f,17.

384. CUIRS FABRIQUÉS. Classification.

385. *Rép.* 91 p. % ; 81 p. %. 100^{Kg} verts se réduisent à 52^{Kg} ou à 49^{Kg} ; le Kg coûte suivant le cas 114f : 52 = 2f,194; ou 114f : 49 = 2f,326. Le bénéfice = 4f,20 — 2f,19 = 2f,01 dans le 1er cas, soit 2f,01 : 2,19 = 0f,91 ou 91 p. %; et, dans le 2e cas, 4f,20 — 2f,32 = 1f,88 ou 1f,88 : 2,32 = 0f,81 par fr., ou 81 p. %.

386. *Rép.* 192f. 100^{Kg} en poils valent 1° 48^{Kg} en croûte ; 2° 48^{Kg} — (48^{Kg} × 0,06) = 45^{Kg},12 corroyés ; 3° 45^{Kg},12 — (45,12 × 0,04) = 43^{Kg},32 en œuvre. Le Kg de cuir en œuvre coûte donc 103f : 43,32 = 2f,38, frais non compris. Les frais= 4f,30 — 2f,38 — 1f,92 par Kg.

387. *Rép.* 130f,15 ; 203f. Dans 580f il y a 50 p. % ou la moitié pour frais et moitié pour prix de la matière, soit 2f,90 par Kg. 100^{Kg} de cuir frais donnent 51^{Kg} en croûte ; 50^{Kg} en croûte rendent 44^{Kg} au corroyage, et 100^{Kg}, 88^{Kg}; 100^{Kg} frais se réduisent donc à 51^{Kg} × 0,88 = 44^{Kg},88 corroyés valant 2f,90 × 44,88 = 130f,15. De même 100^{Kg} secs valent 70^{Kg} corroyés, ou 2f,90 × 70 = 203f.

388. ACHAT DE 1183 CUIRS BŒUF SEC DE BUÉNOS-AYRES POUR LE HAVRE.

Prix net d'achat à Buénos-Ayres.   Pp.. 127155,60.

Frais à Buénos-Ayres :

Droit d'exportation, 2 Pp par peau; Pp. 2366,00		
Portefaix et charrette, 58 Pp par 100 cuirs 686,14		
Frais divers 1982,00		5034,14
	Total : Pp.	132189,74
Commission 5 p. %.		6609,48
	Total : Pp.	138799,22
Change sur Paris	F.	37013,15

Frais au Havre :

Fret à F. 80 et 10 p. % en sus par tonne; F. 1581,06		
Droit de douane sur Kg. 16170, à F. 0,12 par 100^{Kg} 19,40		
Assur. marit. sur F. 40 717 à 2 p. % . 814,34		
Assur. incendie sur F. 44 418 à 1 p. %. 44,42		
Courtage, 1/4 p. %.		
Escompte, 2 1/4 p. %.		
Comm^{on}. 3 p. %.		
5 1/2 p. % sur F. 41769,70. 2297,33		4756,55
	Total F.	41769,70

Rendement :

Brut Kg. 16160 à F. 129,238 par Kg.50 . . F.   41769,70

389. POILS. Classification.

390. *Compte du chapelier :* castor 36^{Kg} à 100^f... 3600^f ; rat musqué, 45^{Kg} à 50^f... 2250^f; rat gondin, 108^{Kg} à 40^f... 4320^f; lièvre, 54^{Kg} à 22^f... 1188^f; lapin, 63^{Kg} à 15^f... 945^f; total : 12303^f; escompte de 6 p. %... 738^f,18; payé net, 11564^f,82.   Le poil acheté contient 4/34 de castor, 5/34 de rat musqué, 12/34 de rat gondin, 6/34 de lièvre, 7/34 de lapin. Sur 34^{Kg}, il y a 4^{Kg} de castor à 100^f pour 400^f; 5^{Kg} de rat musqué à 50^f pour 250^f ; 12^{Kg} de rat gondin à 40^f pour 480^f ; 6^{Kg} de lièvre à 22^f

pour 132^f, et 7^{Kg} de lapin à 15^f pour 105^f; prix des 34^{Kg}... 1367^f. L'achat total, escompte non déduit $= 11561^f,82 : (1 - 0,06) = 12303^f = 1367^f \times 9$. Les nombres de K$g$ précédents doivent donc être multipliés par 9.

391. *Rép.* 1^{mois} 22^j.   Le cachemire coûte $5^f,50 \times 50 + 4^f,50 \times 200 - 1175^f$; moins l'escompte de 3 p. $^0/_0 = 35^f,25$; net 1139$^f,75$. L'alpaga vaut $3^f,75 \times 125 = 468^f,75$. La cigogne $= 0^f,26 \times 210 + 0^f,075 \times 30 = 56^f,85$. Total de l'achat 1665$^f,35$. Moitié de cette somme est payable dans 1 mois et le reste dans 2^m $^1/_2$. Le débiteur veut tout payer à la fois. Appelons i l'intérêt de 1^f pour 1 mois. L'intérêt dû d'une manière est $i \times 832,68 \times 1 + i \times 832,68 \times 2 ^1/_2 = i \times 2914,38$; de l'autre, $i \times 1665,35 \times n$, ($n$ étant un nombre de mois à trouver). On doit donc avoir $1665,35 \times n = 2914,38$; d'où $n = 2914,38 : 1665,35 = 1 ^{22}/_{30}$.

INDUSTRIE TEXTILE.

392. COMMERCE DES LAINES. Classement des laines. —

393. MÉRINOS, $^5/_7$ ou 25000000.

Fortes tailles, $^{54}/_{125}$ ou 10800000.

Béliers, 4400000 à 5^{Kg}. . . . . . 22000000^{Kg}	}	
Brebis, 4000000 à 4^{Kg}. 16000000	} 40400000^{Kg}	
Agneaux, 2400000 à 1^K $_g$. . . . 2400000	}	

Tailles moyennes, $^{49}/_{125}$ ou 9800000.

Béliers, $^{35}/_{98}$ ou 3500000 à 3^{Kg}. . 10500000^{Kg}	}	
Brebis, $^3/_7$ ou 420000 à 2$^{Kg},75$ . . 11550000	} 23625000	
Agneaux, $^3/_{14}$ ou 2100000 à 0$^{Kg},75$. 1575000	}	

Petites tailles, $^{22}/_{125}$ ou 4400000.

Moutons, $^3/_{11}$ ou 1200000 à 2$^{Kg},75$. 3300000^{Kg}	}	
Brebis, $^5/_{11}$ ou 2000000 à 2$^{Kg},50$. 5000000	} 8900000	
Agneaux, $^3/_{11}$ ou 1200000 à 0$^{Kg},50$. 600000	}	

Total.   72925000

Bêtes communes $^2/_7$ ou 10000000.

Mettons à part un million de brebis. Dans les 9 millions restants, on compte pour 1 agneau, 2 moutons et 3 brebis ; total 6. Or 9000000 = 6 × 1500000. De là les nombres suivants :

Moutons, 3000000 à 2^{Kg},50 . . .	7000000^{Kg}	
Brebis, 5500000 à 2^{Kg}	11000000	18750000
Agneaux, 1500000 à 0^{Kg},50 . .	750000	
	Total général.	91675000

394. Achat de 100 balles laines fines achetées a Vienne pour la France. (L'élève disposera le compte en ordre, en voici les éléments). 100 balles pes. net 1500 livres à Fl. 145 le quintal... Fl. 2175. Courtage, commission et frais, 3 p. %... 65,25. Total, ... Fl. 2240,25. Courtage de banque, $^1/_2$ p. %... 11,20. Ensemble, ... Fl. 2251,45. Change sur Paris (à F. 2,25 par Fl.), ...F. 5065,76. *Frais:* Port de Vienne à Nancy à F. 0,25 par Kg... F. 210. Droits de douane sur Kg 840 à F. 0,375 par Kg et d. décime, ... F. 378. ... F. 588. Prix rendu à Nancy, ... F. id. 5653,76. Soit par Kg net, F. 6,73.

395. Compte d'achat de 60 balles laine achetée a Moscou et expédiée par Saint-Pétersbourg au Havre. Poids brut, 637 pouds; tare, 12 pouds, net, 625 pouds à R. 25... R. 15625. *Frais à Moscou :* Courtage d'achat $^1/_2$ p. %..., R. 78,12. Réception, pesage, etc..., R. 136,50... R. 214,62. Total R. 15839,62. Commission, 2 $^1/_2$ p. %... R. 395,99 Courtage de banque, $^3/_4$ p. %... R. 118,80. Total... R. 16354,41. *Frais à Saint-Pétersbourg :* Transport à 40 copecks par poud,... R. 254,80. Passage à 15 copecks par poud... R. 95,55... R. 350,35. Montant de la facture... R. 16704,76.

Prix de revient au Havre des 100 Kg : Prix à Saint-Pétersbourg. F... 651,89. Fret à 88^f le last et 15 p. % en sus... F. 15,42. Assurance 1 p. %... F. 6,52. Total, les Kg 100... F. 673,83.

396. *Rép.* 942^f,97. *Compte de la vente.* 2565^{Kg}—2 p. % de tare = 2513^{Kg},70 net à 1^f,87, valant 4700^f,62. L'escompte de

10 p. % $= 470^f,06$. Prix net de la vente, $4230^f,56$. *Compte de l'achat.* Le quintal pèse $1^{Kg},283 \times 44 = 56^{Kg},452$ et a été payé $40 \times 275 = 11000$ paras. Il a été acheté $(2565 : 56,452) = 45^{q},43683$ pour $499805^p,13$ représentant à 180 paras pour $1^f,... 2776^f,69$. La commission de 2 p. % $= 55^f,53$. L'assurance de $^1/_4$ p. % $= 6^f,94$. Le fret sur $(2565 : 1,283)$ ocques $= 1999^o,22$, à 20^r par 100 ocques $= 399^f,84$. Total 3239^f, plus $1\ ^1/_2\ p^r$ % d'intérêt p^r 3 mois, $48^f,59$; prix d'achat total $3287^f,59$. Bénéfice $4230^f,56 - 3287^f,59$.

397. INDUSTRIE DES LAINES. Opérations subies par les laines.

398. *Rép.* $4^f,38$.   7 hommes gagnent par jour les $^{49}/_3$ et 3 femmes $^9/_3$ du gain d'une femme. L'excès $^{49}/_3 - ^9/_3 = ^{40}/_3$ de ce gain $= 20^f$; $^1/_3 = 0^f,50$; ce gain $= 1^f,50$. Une femme gagne donc $1^f,50$ et un homme $3^f,50$ par jour. L'amortissement journalier $= 330^f : (310 \times 3) = 0^f,35$.   Le lavage de 750^{Kg} de laine coûte donc 1° 3 j. de femme, $4^f,50$, $+$ 7 j. d'homme, $24^f,50$; 2° chauffage des chaudières, $3^f,50$; 3° amortissement du matériel, $0^f,35$. Total $32^f,85$. Les 100^{Kg} coûtent $32^f,85 : 7,5$.

399. *Rép.* Mérinos $9^f,75$ à $11^f,05$; communes $4^f,57$ à $4^f,80$; anglaises $3^f,80$ à $4^f,55$.   *Mérinos.* 1^{Kg} en suint valant $3^f,30$, rend de $0^{Kg},30$ à $0^{Kg},340$ de laine lavée, 1^{Kg} de cette dernière vaut de $3^f,3 : 0,34$ à $3^f,30 : 0,3$; en y ajoutant $0^f,05$ de frais, on a la 1re rép. précédente. Ainsi de suite.

400. *Rép.* 120^{Kg} laine d'Allemagne et 80^{Kg} laine de Russie.

Les frais sont de $34^f : 200 = 0^f,17$ par Kg. La 1re laine en suint coûte $8^f,60 + 0^f,17 = 8^f,77$; et la seconde $6^f,92$. Pour ces prix, on a $0^{Kg},65$ de la 1re laine lavée et $0^{Kg},85$ de la seconde. 1^{Kg} de laine lavée coûte, suivant le cas, $8^f,77 : 0^f,65 = 13^f,4923$, et $6^f,92 : 0,85 = 8^f,1412$. Pour avoir de la laine coûtant en moyenne 11^f le Kg, il faudrait prendre, comme on le voit ci-contre, $2^{Kg},8588$ de la 1re avec $2^{Kg},4923$ de la 2e. Or $2^{Kg},8588$ de la 1re laine lavée équivalent à $2,8588 : 0,65 = 4^{Kg},39815$ de laine en suint, et $2^{Kg},4923$ de la 2e laine lavée

13,4923		2,8588
	11.	
8,1412		2,4923

à 2,4923 : 0,85 = 2^{Kg},9321 *idem*. Les deux sortes de laine en suint composent donc les 200^{Kg} achetés dans la proportion de 4^{Kg},398 de laine d'Allemagne pour 2^{Kg},932 de Russie. En partageant 200^{Kg} proportionnellement à ces deux nombres, on trouve 120^{Kg} et 80^{Kg}. (1re partie 4^{Kg},398 × 200 : (4,398 + 2,932) ou 879,6: 7,33 = 120; 2e partie 200^{Kg} — 120. (Voyez l'arithm. n° 3.)

401. *Rép.* Laine de Smyrne 2^f,11; Tunis 1^f,05; Constantine 1^f,375; Tripoli 0^f,612.   *Smyrne.* 0^{Kg},64 de la 1re qualité lavée, coûtant 2^f,80, un Kg coûte 2^f,80 : 0,64 = 4^f,375. Ce Kg vaut 1^{Kg} × (1 + 1/5) ou 1^{Kg} × 6/5 de la 2e qualité. 1^{Kg} de laine lavée de la 2e qualité vaut donc 4^f,375 : 6/5 = 3^f,646. 1^{Kg} en suint de cette dernière, donnant 0^{Kg},58 de laine lavée, vaut 3^f,646 × 0,58 = 2^f,114.   De même 1^{Kg} de laine lavée de Tunis vaut 4^f,375 : 7/4 = 2^f,50, et 1^{Kg} en suint = 2^f,50×0,42;
1^{Kg} laine lavée de Constantine vaut 4^f,375 : 7/4 = 2^f,50, et 1^{Kg} en suint, = 2^f,50 × 0,55.   1^{Kg} laine en suint de Tripoli vaut (4^f,375 : 2) × 0,28.

402. *Rép.* 5400^m; 6750^m; 18900^m.   1 quart ou 3600^m : 4 = 900^m; 1 son, 900^m : 10 = 90^m.
La laine en 6 quarts aura par 1/2 Kg, 900^m × 6; celle en 7 quarts 5 sons, 900^m × 7,5 ; etc.

403. *Rép.* Cœur 11^f,54; blousse 5^f,77; bourre 1^f,15.   Sur 1^{Kg} de laine en suint il y a 1 — 0,68 ou 0^{Kg},32 de laine lavée et 0,32 — (0,32 × 0,02) = 0^{Kg},3136 de laine peignée. Le Kg de celle-ci coûte donc 2^f,50 : 0,3136 = 7^f,971, et revient avec la main-d'œuvre à 8^f,971.   1^{Kg} de laine nette valant 8^f,971 se compose de 0^{Kg},65 de cœur, + 0^{Kg},23 de blousse équivalant à 0^{Kg},23 × 1/2 ou 0^{Kg},115 de cœur, + 0^{Kg},12 de bourre équivalant à 0^{Kg},012 de cœur : total 0^{Kg},777 de cœur.
0^{Kg},777 ou 1^{Kg} × 0,777 de cœur valant 8^f,971,   1^{Kg} vaut 8^f,971 : 0,777 = 11^f,54.   1^{Kg} de blousse vaut 11^f,54 : 2, et 1^{Kg} de bourre, 11^f,54 × 0,1.

404. *Erratum* (dernière ligne). *Au lieu de* : Si la trame, etc., *mettez* : Si le fil a 3/4 de *mm* de largeur ou de diamètre.

Rép. $0^{Kg},648$.   Le *m* d'étoffe a une surface de $(1\times1,38)^{mq}$ = $1^{mq},38$. Le fil de chaîne de x^m de long, développé, couvre une surface de $(x \times 0.00075)^{mq}$, qui doit être égale à $1^{mq},38$; donc $x = 1,38 : 0,00075 = 1840$. Le fil de trame de même n°, a la même largeur et recouvre la même surface ; sa long^r est donc aussi 1840^m. Total, 3680^m de fil n° 8, dont $710^m \times 8 = 5680^m$ pèsent 1^{Kg}. Les 3680^m pèsent donc $1^{Kg} \times 3680 : 5680 = 0^{Kg},648$.

Nota : Nous n'avons pas tenu compte de l'enchevêtrement des fils, qui en augmente la longueur ; des tables ont été faites à ce sujet pour les filateurs.

405. *Rép.* Matière 1re, $7^f,10$; frais généraux, $5^f,27$; main-d'œuvre, $2^f,21$; bénéfice, $2^f,42$.   Prix du Kg de laine, $12^f,90$. La matière première = $17^f \times 0,4175$; les frais généraux = $17^f \times 0,31$; etc. $0^{Kg},550$ étant payés $7^f,10$, le Kg coûte $7^f,10 : 0,550$.

406. *Rép.* Pièces de 30^m, 405^f à 450^f ; 290^f à 300^f ; $415^f,38$ à $461^f,54$; 500^f. Pièces de 35^m, $472^f,50$ à 525^f ; $338^f,33$ à 350^f ; $484^f,61$ à $538^f,46$; $583^f,33$.   Chaque pièce coûte $(27^f : 2^f \times 30$; $(30^f : 2) \times 30$; etc.

407. COMPTE D'ACHAT A LONDRES. (A disposer en ordre.) Achat de 1240^{Kg} laine à $444^f,44$ les Kg. 100.... F. 5511,11. Commission d'achat 2 p^r °/o.... F. 110,22. Courtage ¹/₂ p^r °/o... F. 27,56. Change et comm^{on} de banque 1 p^r °/o... F. 55,11... F. 192,89. Total F. 5704,00. Transport de 1240^{Kg} à F. 10 par 100^{Kg}... F. 124,00. Total général... F. 5828.

COMPTE D'ACHAT A VIENNE. (Mettre en ordre.) Achat de 2160^{Kg} laine à F. 771,16 les 100^{Kg} ... F. 16657,05. *Frais.* Commission d'achat 4 p^r °/o... F. 666,28. Courtage, ¹/₂ p^r °/o... F. 83,29. Commission de banque, ¹/₂ p^r °/o... F. 83,29. Pesage, ¹/₄ p^r °/o... F. 41,64. Assurance, 2,62 p^r °/o... 436,41... F. 1310,91. Total... F. 17697,96. Transport à $28^f,15$ par 100^{Kg}... F. 608,04. Total général... F. 18576.

Calcul du 1er *compte.* Nous commencerons par la fin du compte et remonterons successivement jusqu'au 1er nombre.

En ôtant le prix du transport 124^f du total général 5828^f, il reste 5704^f pour le prix d'achat et les frais. Sur 1^f d'achat, il y a 0^f,02 de commission, 0^f,005 de courtage, et 0^f,01 de change ; 1^f d'achat + les frais = 1^f,035. Le prix d'achat × 1,035 = 5704^f ; le prix d'achat = 5704^f,00 : 1,035 = 5511^f,11 ; le prix d'achat = 5511^f,11. Les frais 5511^f,11 × (0,02 ; 0,005 ; 0,01) = 110^f,22 ; 27^f,56 ; 55^f,11 ; total 192^f,89.

Prix d'achat du Kg de laine 5511^f,11 : 1240 = 4^f,4444. On opérera de même pour le 2e compte.

408. *Rép*. Sur le drap, 6^f,73 ; sur le casimir 5^f,59. Sur 3 pièces de drap à A^f, il y avait 2 pièces de casimir à A^f + 158^f ; total 5A^f + 316^f ; 5A^f = 3416,12 — 316^f = 3100^f,12 et A^f = 620^f,02. Chaque pièce de drap coûtait net 620^f,02 ; le mètre coûtait 620^f,02 : 55 = 11^f,27 ; bénéfice 18^f — 11^f,27. La pièce de casimir valait net 620^f,02 + 158^f = 778^f,02 ; le *m* valait 778^f,02 : 58 = 13^f,41 ; bénéfice, 19^f — 13^f,41.

409. *Rép*. Mérinos, 3^f,36 et 4^f,68 ; flanelle, 2^f,48 ; fantaisie, 1^f,539. Les mérinos coûtent net 2^f,80 et 3^f,90 le *m*. ; pour gagner 20 p^r % il faut vendre 1^f,20 ce qui vaut 1^f ; ils se vendront donc 2^f,80 × 1,20 et 3^f,90 × 1,20. La flanelle coûte net 2^f,25 — (2^f,25 × 0,08) = 2^f,07 et se vendra 2^f,07 × 1,20. L'étoffe de Roubaix vaut net 1^f,35 — (1^f,35 × 0,05) = 1^f,2825 et se vendra 1^f,2825 × 1,20.

410. COTONS. *Commerce du coton*. Classement et provenance des cotons.

411. *Rép*. 3 jours. Le coton Géorgie pesait net 150^{Kg} × 24 × 0,94 — 2^{Kg} × 4 = 3336^{Kg}, et valait 2^f,50 × 3336 = 8340^f. Le coton des Indes pesait net 3250^{Kg} × 0,92 = 2990^{Kg} valant 2^f,04 × 2990 = 6099^f,60. Le souboujac pesait net 2460^{Kg} × 0,92 = 2263^{Kg},200 valant 2^f,36 × 2263,200 = 5341^f,15. Total de l'achat 19780^f,75. Le courtage payé = 19780^f,75 × ¼ p. % = 49^f,45. En ôtant 49^f,45 de 19819^f,57 qui ont été payés net, il reste 19770^f,12 pour prix du coton ou 10^f,63 de moins que la somme due. Ces 10^f,63 représentent l'escompte accordé, 19780,75 à ½ p. % par mois donnent 98^f,90 d'escompte, mensuel et 3^f,30 d'escompte journalier. 3^f,30 × le n. de jours = 10^f,63 ; le n. de jours = 10^f,63 : 3,30 = 3.

412. Compte de revient des 100 balles coton Guayra par navire français. 100 balles pes. brut Kg. 4880,500. Tare, 5 p. %, Kg. 244 ; bonification, Kg 100 ; corde Kg, 66 ; total à déduire, Kg, 410. Net Kg. 4470,500 à F. 70 les Kg 50, ... F. 6258,70. Escompte 1 p. % ... F. 62,59. Net ..., F. 6196,11. *Frais :* Droits de douane ... Kg 4884,000. Tare 8 p. % ... Kg 390,72. Net ... Kg 4493,280 à F. 20 les 100^{Kg} et d. déc. en sus ... F. 1078,39. Nolis et chapeau ... F. 900,00. Portefaix ... F. 35. Estampille ... F. 10. Emballeur ... F. 15. Magasinage ... F. 60. Frais divers ... F. 18. Censerie $^1/_2$ p. % et commission, 2 p % sur F. 8525,63 ... F. 213,13. (Total des frais) F. 2329,52. Prix de revient net ... F. 8525,63.

Opérations. Le calcul des frais de censerie et de commission a seul besoin d'explications. Ces frais étant pris sur le total général ou prix de revient complet qui n'est pas connu, il faut chercher ce dernier. Pour cela, on calcule le total t du compte moins les frais de censerie de commission ; ce total t (*qui ne s'écrit pas sur le compte en ordre*) $= 8312^f,50$. $T = t + T \times 0,025$; d'où $t = T (1 - 0.025) = T \times 0,975$. Par suite $T = t : 0.975 = 8312^f,50 : 0,975 = 8525^f,63$. La censerie $+$ la comm^{on} $= 8525^f,63 \times 0,025 = 213^f,13$ et le prix de revient net complet, $8312^f,50 + 213^f,13 = 8525^f,63$ comme nous l'avons déjà trouvé (Voy. n° 233).

413. Compte d'achat et de revient de 100 balles de coton Georgie, de Charlestow au Havre. (Copier le compte comme il est sur le livre, et y mettre les nombres suivants :) Achat ... D. 3900,00. *Frais à Charlestow :* Quai, mag. ... D. 12,00. Courtage ... D. 19,50. Transport ... D. 22,00. Assur. ... D. 10,75. ... D. 64,25. ... D. 3964,25. Comm. d'achat ... D. 118,93. Total D. 4083,18. Valeur sur Paris ... F. 21232,54. *Frais au Havre :* Fret. ... F. 2149,87. Tente ... F. 30,00. Débarquement, etc. ... F. 150,00. Droit sur Kg 17678,70 (Tare Kg 1060,70), Net Kg 16618 ... F. 3988,32. Escompte ... F. 53,17. ... F. 3935,15. Assur. mar. ... F. 244,99. Ass. feu ... F. 106,16. Comm. banque ... F. 53,08. Escompte, etc. ... 5 $^1/_2$ p. % ... F. 1623,91. Total général ... F. 29525.70. *Rendement :* Poids brut Kg. 17678,70. Tare ... Kg. 1060,70. Don ... Kg 300,00.

Cordes ... Kg 300,00 ... Kg 1660,70. Net Kg 16018 à F. 92,16 les 50^{kg}. .. F. 29525,70.   100 livres brut rendent net Kg 41,072.

Pour trouver le 5 $^1/_2$ p. $^0/_0$ du total général, on opère comme dans l'ex. 412 (Voy. n^c 233). On calcule t, en additionnant jusqu'à F. 53,08 inclus; $t = 27901^f,79 = T \times (1-0,055) = T \times 0,945$, et $T = t : 0,945 = 29525^f,70$.   5 $^1/_2$ p. $^0/_0$ de $29525^f,70 = 1623^f,91$. Les autres calculs n'offrent aucune difficulté.

414 COMPTE D'ACHAT DE 100 BALLES DE COTON NEW-YORK POUR LE HAVRE. (Disposer ce compte en ordre comme le précédent. En voici les éléments) : 100 balles pesant brut liv. 45000 à D. 0,10 ... D. 4500. *Frais à New-York :* Transport à bord D. 0,25 par balle ... D. 25. Courtage D. 0,125 par balle ... D. 12,50. ... D. 37,50. Total ... D. 4537,50. Comm^{on} d'achat, court. de négociation, 2 $^3/_4$ p. $^0/_0$ ... D 124,78. Total D. 4662,28. Valeur sur Paris au change de F. 5,20 par D ... F. 24243,85. *Frais au Havre :* Fret à D. 0,01 par liv. et 5 p. $^0/_0$ en sus au change de F. 5,25 par D. ... F. 2480.62. Frais de tente à F. 0,30 par balle ... F. 30. Frais au débarquement, pesage, livraison, ... F. 150. Droit de douane sur Kg 20398,50, tare 6 p. $^0/_0$ ... Kg. 1223,88, Net ... Kg 19174.62 à F. 24 par 100^{kg} ... F. 4601,90. Escompte 1 $^1/_3$ pour $^0/_0$ (à déduire). ... F. 61,35 ... F. 440,55. Assurance maritime, 1 p. $^0/_0$, change de F. 6, par D. ... F. 279,73. Assurance contre le feu, $^1/_2$ p. $^0/_0$, ... F. 121,22. Commission de banque, $^1/_4$ p. $^0/_0$ sur F. 24243,82 ... F. 60,61. Escompte, 2 $^1/_4$ p. $^0/_0$; courtage, $^1/_4$ p. $^0/_0$; comm^{on} de vente 3 p. $^0/_0$; total 5 $^1/_2$ p. $^0/_0$ sur F. 34763,44 ... F. 1856,99. Total général ... F. 33763,44 *Rendement :* Poids brut Kg. 20398.500; Tare, 6 $^0/_0$ ... 1223,88; Don 300 ; Corde 300; Kg. 1823,88; Net Kg. 18574.62 à F. 90,885 les Kg. 50 ... F. 33763,44.   100 livres brut à New-York rendent net au Havre, Kg. 41,27.

415 COMPTE D'ACHAT DE 100 BALLES COTON LOUISIANE VENANT DE LA NOUVELLE-ORLÉANS. (A disposer en ordre). Poids brut, liv. 43500 à D. 0,10 ... D. 4350,00. *Frais à la Nouvelle-Orléans :* Emballage, transport à bord, D. 0,30 par balle ... D.

30,00. Courtage 1 $\frac{1}{2}$ p. $\%$ ... D. 21,75. Assurance contre le feu $\frac{1}{3}$ p. $\%$ ... D. 15,50; ... D. 4417,25. Comm^{on} d'achat et de remboursement à New-York, 2 $\frac{1}{2}$ p. $\%$. ... D. 110,44. Courtage de négociation, 1 $\frac{1}{2}$ p. $\%$ sur D. 4596,64; D 68.95. Total ... D. 4596,64. Valeur sur Paris au change de F. 5.20 par D. ... F. 23902,53. *Frais au Havre* : Fret à D. 0,01 par liv. et 5 p. $\%$ en sus, sur liv. 43500 ... F. 2397,94. Tente à F. 0,30 par balle ... F. 30. Frais au débarquement, etc. ... F. 150,00. Droit de douane sur brut Kg. 19718.55. (Tare 6 p. $\%$, Kg. 1183,11); Net Kg. 18535,44, à F. 24 par 100^{kg}, F. 4448,51. Escompté 1 $\frac{1}{3}$ p. $\%$ (à déduire) ... F. 4389,19. Assurance maritime 1 p. $\%$ sur D. 4596.64 au change de F. 6 par D ... F. 275,80. Assurance contre le feu $\frac{1}{2}$ p. $\%$ sur F. 23902,53 ... F. 119,51. Commission de banque à Paris $\frac{1}{4}$ p. $\%$ sur F. 23902,53 ... F. 59,76. Escompte d'usage à la vente, 2 $\frac{1}{4}$ p. $\%$; courtage, $\frac{1}{4}$ p. $\%$; comm^{on} id., 3 p. $\%$; total 5 $\frac{1}{2}$ p. $\%$ sur F. 33147,88 ... F. 1823,13. Total général ... F. 33147,88. *Rendement* : Poids brut total ... Kg. 19718.55. Tare 6 p. $\%$ ... Kg. 1183,11. Don 300,00. Déchet 300,00. Kg 1783,11. Net Kg. 17935,44 à F. 92,41 les Kg. 50 ... F. 33147,88. 100 livres brut à la Nouvelle-Orléans rendent net au Havre Kg. 41,23.

Pour trouver les 5 $\frac{1}{2}$ p. $\%$ d'escompte, courtage et commission, nous avons raisonné et opéré comme dans l'ex. 418. Nous avons cherché le total t des dépenses faites à New-York, au Havre et avant la vente; $t = 31324^f,75$. Nous avons divisé $31324^f,75$ par $1 - 0,055 = 0,945$; ce qui donne le prix total de revient (les 5 $\frac{1}{2}$ p. $\%$ d'escompte compris), $T = 33147^f,88$ dont les 5 $\frac{1}{2}$ p. $\%$ ou les $0,055 = 1823^f,13$.

416. Filature du coton. Renseignements.

417. *Rép.* 3^f,035.   1^{kg} de coton brut rend 0^{kg},9 de coton net coûtant 2^f,75 $\times$ 2 = 5^f,50 d'achat. Le Kg de coton net vaut 5^f,50 : 0,9 = 6^f,11 d'achat, plus 6^f,11 $\times$ 0,01 = 0^f,06 de frais, moins 0^{kg},100 d'ouate valant 1^f $\times$ 0,1 = 0^f,10; finalement, 6^f,17 — 0^f,10.

418. *Rép.* Le n° 27 contient 270 échevettes; le n° 29, 290; le n° 36, 360; le n° 38, 380.

419. Voyez la note ci-dessous (*).   *Rép.* N°s 51 ; 85 ; 229 ; 296 ; 339.   On appelle correspondants les n^{os} français et anglais n et n', du même fil, ou de deux fils *de même finesse* (de *même diamètre*) ayant à poids égaux des longueurs égales.

Or, $1000^m \times n$ de fil français, n° n, pèsent 500^g ; $2^m \times n$ pèsent 1^g. Le fil d'un écheveau anglais a pour longueur $0^m,9135 \times 120 \times 7 = 767^m,34$. Par suite, $767^m,34 \times n'$ de fil anglais, n° n', pèsent 453^g ; $(767^m.34:453) \times n'$ pèsent 1^g. n et n' étant 2 numéros correspondants, on doit avoir, $2 \times n = (767,34 : 453) \times n'$ (1). Pour calculer n, connaissant n', ce qui est notre cas, on déduit de là : $n = (767,34 : 906) \times n'$, et, en effectuant la division, $n = n' \times 0,847$ (5).   Il n'y a plus qu'à remplacer successivement n' par les n^{os} anglais donnés 60 ; 100 ; 270 ; 350 ; 400. On trouve ainsi : 50,82 ; 84,70 ; 228,69 ; 296,45 ; 338,80. Approximativement 51 ; 85 ; 229 ; 296 ; 339.

420. *Rép.* Prix du $^1/_2{}^{Kg}$: chaîne $3^f,235$, trame $3^f,31$. Prix de l'échevette, $0^f,012$ et $0^f,011$; $0^f,009$ et $0^f,008$.   La chaîne pèse $5^{Kg} \times 37 = 185^{Kg}$; la trame $2^{Kg},5 \times 60 = 150^{Kg}$. Le tout a été acheté $2015^f : (1 - 0,08) = 2190^f,21$. Les 150^{Kg} de trame ont coûté $0^f,15 \times 150 = 22^f,50$ de plus que 150^{Kg} de chaîne. On a donc payé $2190^f,21$ pour l'équivalent de $(185^{Kg} + 150^{Kg})$ de chaîne $+ 22^f,50$; 335^{Kg} de chaîne valaient donc $2190^f,21 - 22^f,50 = 2167^f,71$. Le Kg de chaîne a donc coûté $2167^f,71 : 335 = 6^f,47$, et celui de trame, $6^f,47 + 0^f,15 = 6^f,62$.   La chaîne contient, par livre, 270 et 290 écheveaux valant $3^f,235$; la trame 360 et 380 écheveaux valant $3^f,31$; Chaque écheveau revient à $3^f,235 : 270$; $3^f,235 : 290$; $3^f,31 : 360$; etc.

421. T$_{ISSUS}$ DE COTON. Renseignements sur la fabrication.

(*) Les valeurs données, dans l'énoncé de cette question de la livre anglaise et du yard, sont un peu trop faibles. La livre $= 453^g,6$ et le yard $= 0^m,9144$. Nous nous servirons néanmoins dans cet exercice et dans les suivants des valeurs 453^g et $0^m,9135$ données dans le livre des élèves. Les maîtres peuvent, s'ils le jugent à propos, indiquer cette correction.

422. Rép. 51 échevettes.   La chaîne se compose de $40 \times$ 60 ou 2400 fils de 1^m, total 2400^m ou 24 échevettes de fil n° 28. Il nous faut trouver la longueur du fil de trame. Un fil est un cylindre qui a une longueur l, et un diamètre d qui est à la fois sa *largeur* et son *épaisseur*. Si ce fil recouvre une surface, cette surface $= l \times d$. Son volume $= {}^1\!/_4 \times 3,1416 \times d^2 \times l$. Appelons l et d la longueur totale et le diamètre du fil de chaîne, l' et d' les mêmes dimensions du fil de trame. $l = 2400^m$. Pour plus de précision et de simplicité, nous supposons que, *tout considéré*, la surface recouverte par le fil de chaîne dans notre morceau d'étoffe est la même que celle que recouvre le fil de trame ; $l \times d = l' \times d'$; d'où $l' = l \times$ $(d : d')$ (1). Considérons deux poids égaux de fil n° 28 et de fil n° 35, 500^{gr} par ex. Les longueurs de ces fils sont 28000^m et 35000^m, et leurs volumes qui sont égaux, ${}^1\!/_4 \times 3,1416 d^2 \times$ $\times 28000$, et ${}^1\!/_4 \times 3,1416 \times d'^2 \times 35000$. On a donc $d^2 \times 28 =$ $d'^2 \times 35$; $d^2 : d'^2 = 35 : 28$, et $d : d' = \sqrt{35 : 28} = \sqrt{5 : 4} =$ 1,118 à 0,001 près. D'après cela, l'égalité (1), $l' = l \times (d : d')$ devient $l' = 2400^m \times 1,118 = 2683^m$; ce qui fait 27 éche-vettes à très-peu près. Total $27 + 24$ ou 51 échevettes.

REMARQUE. l et l' étant les longueurs de deux fils de coton qui recouvrent la même surface, n et n' leurs numéros, on a $l' = l \times (d : d')$, et $d : d' = \sqrt{n' : n}$; d'où $l' = l \times \sqrt{n' : n}$. (2). On prouve facilement que cette formule (2) s'applique aux fils de laine et aux fils de lin (Ex. 404 et ex. 435).

423. Rép. 34 fils ; 25 fils ; 42 fils ; 113 portées.   1re QUES-TION. Les 120 portées contiennent 40×120 ou 4800 fils de 1^m couvrant côte à côte la largeur 950^{mm} de l'étoffe ; dans 1^{mm} de larg^r, il y a 4800 fils : 950 ; dans un pouce ou 27^{mm} de lar-geur, 4800 fils $\times 27 : 950$, et dans un quart de pouce, 4 fois moins, ou $4800 \times 27 : 950 \times 4 = 34$ (à 1 près).   On rai-sonne et on opère de même pour 90 portées, et 150 portées. On voit d'ailleurs aisément que les nombres de fils cherchés sont $34 \times (90 : 120)$, et $34 \times (150 : 120)$.

2e QUESTION. 34 fils par quart de pouce, c'est 136 fils par pouce ou 27^{mm} de largeur. Dans une étoffe de $0^m,90$ ou 900^{mm}

de large, il y a 136 fils $\times$ 900 : 27 = 4533 fils qui, à 40 fils par portée composent 4533 : 40 ou 113 portées (à 1 près).

424. ERRATUM. *Les comptes se composent en Normandie de 100 fils et non de 120.* Rép. $10^{Kg},959$; $13^{Kg},261$. La chaîne du 1er tissu se compose de 100 $\times$ 30 ou 3000 fils de 100^m de long ; total 300000^m de fil n° 26, dont 52000^m pèsent 1^{Kg}. Les 300000^m pèsent donc $1^{Kg} \times (300000 : 52000) = 5^{Kg},761$. La longueur du fil de trame n° 32 d'après ce qui a été dit, ex. 422, $= 300000^m \times \sqrt{32 : 26} = 300000^m \times 1,109 = 332700^m$ qui à 64000^m par Kg, pèsent $1^{Kg} \times (332700 : 64000) = 5^{Kg},198$. total pour l'étoffe, $10^{Kg},959$. En raisonnant de même pour le tissu écru, on trouve $7^{Kg} + 6^{Kg},261 = 13^{Kg},261$. $\sqrt{25:20} = \sqrt{1,25} = 1,128$.

425. *Rép.* Compte 30, 40 pièces à 36^f; pièces écrues, 45 à 40^f. Pour 1 pièce (compte 30), il y a 1 pièce $^1/_8$ écrue ; total, $2\,^1/_8$ ou $^{17}/_8$. En divisant le total réel, 85 pièces par $^{17}/_8$, on trouve que $85 = ^{17}/_8 \times 40$. Le marchand a donc acheté 40 pièces compte 30 et $40 \times {}^9/_8$ ou 45 pièces écrues. Au prix fort de 1^f, net $0^f,95$, l'une, les 45 pièces écrues auraient coûté $0^f,95 \times 45 = 42^f,75$; le prix fort de la pièce, compte 30, étant alors $0^f,9$, net $0^f,9 - 0^f,9 \times 0,02 = 0^f,882$, les 40 pièces coûteraient $35^f,28$; prix total net d'achat, $78^f,03$. En divisant, on trouve que le prix total réel $3121^f,20 = 78^f,03 \times 40$. Les pièces écrues ont donc coûté 40^f chacune, et les autres $0^f,90 \times 40 = 36^f$.

426. FACTURE DU FILATEUR. (A disposer en ordre). 28 pièces de percale de 60^m, ens. 1680^m à F. 1,201 ... F. $2018^f,17$. Escompte 8 p. % ... 161,45. Net ... F. 1856,72. BORDEREAU DU BANQUIER. Montant de la traite .. F. 1856,72. *A déduire :* Escompte de 15 j. à 6 p. % par an ... F. 4,64. Commission $^1/_2$ p. % ... F. 9,28. Change de place $^1/_3$ p. % ... F. 6,19. Total ... F. 20,11. Payé net : F. 1836,61 *.Opérations :* Cherchons d'abord le montant de la traite. Pour 100^f il y a $0^f,25$ d'escompte (15 j. à 6 p. % par an), $0^f,50$ de commission, $0^f,333$ pour change de place; reste net $98^f,9167$. $1836^f,61 : 0,989167$

= 1856f,72. La facture nette est de 1856f,72. Sur 1f brut, il reste, escompte de 8 p. % déduit, 0f,92 net. La facture brute = 1856f,72 : 0,92 = 2018f,17, et le *m.* de percale a été payé 2018f,17 : 1680.

427. CHANVRE. Provenance; mode d'expédition.

428. *Rép.* 146f,50 et 117f,20. Si la 2e qualité coûtait 1f le Kg, la 1re coûterait 1f,25 et on aurait pour prix d'achat (1f,25 × 50 × 3) + (1f × 50 × 7) = 187f,50 + 350f = 537f,50. En divisant, je trouve que le prix réel d'achat 630f = 537f,50 × 1,172. J'en conclus que la 1re qualité a été payée 1f,25 × 1,172, et la 2e qualité, 1f × 1,172 le Kg.

429. *Rép.* 1f,215. Les 2 paquets R à 5r,3 le poud et 4f le rouble, ont coûté 4f×5,3×55×2=2332f ; les 16 paquets P à 4r,9 le poud ont été payés 4f × 4,9 × 45 × 16 = 14112f ; total de l'achat 16444f. Pour cette somme on a eu (110 + 720) pouds = 16kg,3 × 830 = 13529kg. Le Kg revient à 16444f : 13529.

430. COMPTE DE REVIENT DE 84 BALLES CHANVRE PASS VENANT DE RIGA. (A disposer avec ordre.) Poids 1111 pouds à roubles argent 24 les 10 pouds ... R. 2666,40. *Frais :* Droits de sortie et frais jusqu'à bord, à 274 copecks par 10 pouds,... R. 304,41. Total ... R. 2970,81. Commission 2 p. % ... R. 59,41. Timbres et courtage des traites 3/8 p. % ... R. 11,14. Total ... R. 3041,36. Change sur Paris, à 90 j., à F. 3,75 par R. ... F. 11405,10. Fret à F. 60 par 1000kg et 15 p. % en sus ... F. 1249,54. Frais de débarquement ... F. 37,90. Ass. contre le feu 1 p. % sur F. 12820,74 ... F. 128,20. Total général ... F. 12820,74. Prix de revient des 100kg... F. 70,80.

431. LIN. Rendement.

432. *Rép.* 0f,387 et 1f,14; 33f,60. *1re question.* 100kg de lin sec valant 17f rendent 46kg de lin broyé, et (46kg ×0,34) 15kg,64 de lin peigné. 1kg broyé coûte 17f : 46=0f,369, plus 0f,018 pour main-d'œuvre; 1kg peigné coûte 17f : 15,64 = 1f,087 plus 0f,054 pr main-d'œuvre. *2e question.* 100kg de

lin roui donnent $15^{Kg},64$ de lin peigné valant à $2^f,10$ le Kg, $32^f,84$; ils donnent en outre $46^{Kg} \times 0,22 = 10^{Kg},12$ d'étoupes valant, à $0^f,25$ le Kg, $2^f,53$; total $35^f,37$ dont il faut déduire 5 p. % pour main-d'œuvre.

433. *Rép.* $0^f,0797$ ou $0^f,08$.   Les 55 bottes de lin teillé pèsent $1^{Kg},5 \times 55$ et valent $140^f,25$; le Kg teillé coûte $140^f,25 : 82.5 = 1^f,70$, et le Kg peigné $2^f,55$.   16 écheveaux pesant 5000^g, un écheveau pèse $31^g,25$ et vaut $2^f,55 \times 0,03125$.

434. *Rép.* Du n° 1 à 12 ou de A à L : $1^f,90$; $2^f,182$; $2^f,464$; $2^f,746$; $3^f,028$; $3^f,310$; $3^f,592$; $3^f,874$; $4^f,156$; $4^f,438$; $4^f,720$; $5^f,00$.   Pour former la progression des prix, il suffit de connaître la raison r. Le 12° terme $5^f = 1^f,90 + 11r$; $11r = 5^f - 1^f,90 = 3^f,10$. $r = 3^f,10 : 11 = 0^f,282$: les prix demandés sont donc $1^f,90$; $1^f,90 + 0^f,282 = 2^f,182$; etc.

435. *Rép.* N°ˢ français : 1 ; 3 ; 7. N°ˢ anglais, 13 ; 26 ; 33. Nous avons dit (Ex. 419) qu'on appelle correspondants les n°ˢ *français* et *anglais*, n et n', du même fil, ou de deux fils de même finesse ayant à poids égaux des longueurs égales. Or, 1° $1000^m \times n$ du fil français pèsent 500^g; et $2^m \times n$ pèsent 1^g;   2° 300 yards $\times n' = 0^m,9135 \times 300 \times n' = 274^m,05 \times n'$ de fil anglais pèsent 453^g; $(274^m,05 : 453) \times n'$ pèsent 1^g. Ces deux longueurs du g de fil doivent être égales. On a donc : $2 \times n = (274,05 : 453) \times n'$ (1).   Pour calculer n connaissant n', on déduit de cette égalité, $n = (274,05 : 906) \times n'$, et, en effectuant la division, $n = n' \times 0,3025$ (2).   On multiplie les n°ˢ anglais donnés 3 ; 10 ; 24 par 0,3025, ce qui donne 0.9075 ; $3,025$; $7,2600$; approximativement 1 ; 3 ; 7. Pour trouver n', connaissant n, on déduit de l'égalité (1), $n' = (906 : 274,05) \times n$ et en divisant $n' = n \times 3,306$ (3). On multiplie les n°ˢ français donnés : 4 ; 8 ; 10, par 3,306 ; ce qui donne $13,224$; $26,448$; $33,06$; approximativement 13 ; 26 ; 33.

436. ERRATUM. Ajoutez à la fin de l'énoncé : *quand on prend 500^g de fil de chaque n° français et 453^g de chaque n°*

anglais. Rép. n^os français : Km. 459 : 4074; 12844; 16185. N^os anglais : *mètres.* 125788,95; 1116479,70 ; 3519898,20; 4435499,25. La longueur de 500^g de fil français, n° n, est n^{Km}; celle de 453^g de fil anglais, n° n', 274^m,05 $\times n'$. Autant d'unités dans la somme des n^os de chaque série, autant de Km de longueur de fil français; autant de fois 274^m,05 de fil anglais. Cherchons donc par la formule des progressions arithm. la somme des n^os de chaque série indiquée. De 4 à 30, $\frac{1}{2}(4 + 30) \times 27 = 459$; de 7 à 90, $\frac{1}{2}(7 + 90) \times 84 = 4074$; de 9 à 160, $\frac{1}{2}(9 + 160) \times 152 = 12844$; de 15 à 180, $\frac{1}{2}(15 + 180) \times 166 = 16185$. Ce sont les nombres de Km de fil français. On multiplie 274^m,05 par ces nombres, pour avoir en *mét.* les longueurs des fils anglais.

437. RÉP. *Fil. français.* Km, 2050 ; 3751. Fils anglais, 561802^m,50; 1027961^m,55. Cherchons, comme dans l'ex. 436, la somme des n^os de chaque série. De 10 à 90 il y a 41 n^os pairs ; de 91 à 151, 31 n^os impairs. 1re somme, $\frac{1}{2}(10 + 90) \times 41 = 2050$; 2° somme, $\frac{1}{2}(91 + 151) \times 31 = 3751$. Rép. Km. 2050 et 3751; puis 274^m,05 $\times$ 2050 et 274^m,05 $\times$ 3751.

438. SOIE.

439. *Rép.* 20^{onces},408 coûtant 154^f,29. 1000 œufs donnent 900 éclosions et $900 \times \frac{7}{9} = 700$ cocons. L'once, qui contient 35 mille œufs, donnera $700 \times 35 = 24500$ cocons. Pour avoir 500000 cocons il faut 500000:24500 ou 20^{onces},4081, lesquelles pèsent, à 31^g,5 par once, 642^g,855 et valent, à 240^f le Kg, 154^f,285.

440. *Rép.* 6^f,103. La perte dans le transport $= 87^{Kg} \times 0.02 = 1^{Kg},74$; il reste net 85^{Kg},26. Les 87^{Kg} achetés valent $6^f,33 \times 85,26 = 539^f,695$ en tout. Sur cette somme, on a donné au commissionnaire $0^f,10 \times 87 = 8^f,70$; reste pour prix d'achat total, 530^f,995; soit par Kg, 531^f : 87.

441. *Compte d'achat de cocons secs.* (A mettre en ordre). Poids brut ... Kg. 816,500. Tare ... Kg. 24. Net Kg. 792,500 à F. 23 ... F. 18227,50. *Frais* : Poids publics ... F. 4. Réception, conditionnement ... F. 26,25. Courtage

$^1/_3$ p. °/₀ ... F. 60,76 ... F. 91,01. Total F. 18318,51. Commission 1 $^1/_2$ p. °/₀ ... F. 274,78. Net. F. 18593,29.

442. *Rép.* 9^f,97 à 10^r,09.   1^{Kg} de cocons donne 0^{Kg},100 de soie grége valant 9^f ; il donne en plus 0^{Kg},03 de frison, rendant en fil de (0^{Kg},03 × 0,4) à (0^{Kg},03 × 0,45), lequel, à 81^f le Kg, vaut de 0^f,972 à 1^f,09. Il rapporte donc en tout de 9^f,97 à 10^f,09.

443. *Rép.* 105^f,04 ; 101^f,12 ; 87^f,40.   1^{Kg} de la 1re soie donne 0^{Kg},02 de bourre valant 9^f × 0,02 = 0^f,18 ; et 0^{Kg},98 de soie filée, valant, à 107^f le Kg, 104^f,86 ; on peut donc le payer 0^f,18 + 104^f,86. Même raisonnement pour le reste.

444. *Rép.* 110^f,50.   La filature de 12^{Kg} de soie coûte (25^f × 35 + 50^f × 4) : 26 = 41^f,35 ; de 1^{Kg}, 41^f,35 : 12 = 3^f,446. On paye donc 102^f + 3,45 pour avoir 0^{Kg},95 de soie filée et 0^{Kg},05 de bourre valant 9^f,50 × 0,05 = 0^f,475.
0^{Kg},95 de soie filée coûtent donc 105^f,45 — 0^f,475 = 104^f,970, et 1^{Kg}, 104^f,970 : 0,95 = 110^f,50.

445. Essai des soies. — Modes de titrage.
Ce n° doit être compris ainsi : A l'essai de Lyon (*nouveau mode*), le titre d'une soie filée est le nombre de deniers (d) que pèsent 500^m de cette soie. A l'essai de Paris ou d'Avignon (*ancien mode*), le titre est le nombre de deniers que pèsent 476^m. Nous dirons pour abréger : titre *nouveau*, titre *ancien*. Le denier (d) de l'essai des soies n'est autre que le grain, ancien poids, égal à 0^g,05311.

446. *Rép.* 4^d,03 ; 3^d,84.   La soie retirée, 2^g,5 × 0,12 = 0^g,3, ayant 700^m de long, 1^m pèse 0^g,3 : 700. *Essai de Lyon*: 500^m pèsent 0^g,3 × 500 : 700 = 1^g,5 : 7, et en deniers, (1,5 : 7) : 0,05311 = 1,5 : 0,37177 = 4^d,03.   *Essai de Paris*: 476^g pèsent 0^g,3 × 476 : 700, et en d., (0,3 × 476 : 700) : 0,05311 = 142,8 : 37,177 = 3^d,84.

447. 1re QUESTION. *Quelle est la différence de longueur par g. de deux soies ayant le titre* 1^d, *l'un nouveau, l'autre ancien ?* RÉP. La 1re soie a 452^m de plus. — Titre *nouveau*. 1^d ou 1^g ×

0,05311 a pour long^r, 500^m ; 1^g, 500^m : 0,05311. Titre *ancien*. 1^g a pour long^r, 476^m : 0,05311. Différence (500^m — 476^m) ou 24^m : 0,05311 = 452^m. 2e QUESTION. *Quelle est en g. la différence de poids par* 1000^m *de longueur des deux soies précédentes ?* RÉP. La 2e soie pèse 0^g,00535 de plus. Titre *nouveau*. 500^m pèsent 1^d ou 0^g,05311 ; 1000^m, (2 fois plus), 0^g,10622. Titre *ancien*, 476^m pèsent 1^d ; 1^m, 1^d : 476 ; 1000^m, 1000^d : 476 = 53^g,11 : 476 : = 0^g,11157. Differ. 0^g,11157 — 0^g,10622. Les differ. analogues pour le même titre quelconque, n^d, sont 452^m : n, et 0^g,00535 $\times n$. On les trouve par le même raisonnement en remplaçant partout 1^d par n^d. 3e QUESTION. *Trois soies ont les titres anciens* 1, 5. *et* 12 ; *quels seraient leurs titres nouveaux ?* RÉP. 1,05 ; 5,25 ; 12,60. *Titre* 1. 476^m pèsent 1^d ; 1^m, 1^d : 476 ; 500^m, 500^d : 476 = 1^d,05. *Titre* 2 ; 476^m pèsent 5^d ; 500^m, 2^d $\times$ 500 : 476. Etc.

4e QUESTION. *Trois soies essayées à Lyon ont les titres nouveaux :* 1, 5 *et* 12. *Quels seraient leurs titres à l'essai de Paris ?* RÉP. 0^d,952 ; 4^d,76 ; 11^d,42. Titre 1. 500^m pèsent 1^d ; 1^m, 1^d : 500 ; 476^m, 476^d : 500 = 0,952. Titre 5. 500^m pèsent 5^d ; 476^m, 5^d $\times$ 476 : 500 = 4^d,76. Etc.

448. ERRATUM. Mettez dans l'énoncé : organsins (*fils de chaîne*) ; trame (*fils de trame*). A la fin ajoutez : *c'est-à-dire : donnant chacun* 2^d 3/4 *de soie filée.* Rép. 7^f,79 ; 4^f,15. Un cocon donne 0^g,05311 $\times$ 2 3/4 = 0^g,1460525 de soie ; pour avoir 1^{Kg} de soie, il faut (1000 : 0,1460525) ou 6846 cocons pesant, à 2^g,25 pièce, 15^{Kg},404. En organsins. les 15^{Kg},404 de cocons rapportent 120^f ; et 1^{Kg}, 120^f : 15,404. En trames, 1^{Kg} rapporte 64^f : 15,404.

449. Rép. Organsins 24,51 ; trames. 28,2; grèges 12,48. La perte déduite, il reste sur un denier de chaque soie : 1o 0^d,87 7/8 ; 2o 0^d,88 1/8 ; 3o 0^d,89 1/8. Les 27^d,9 des organsins se réduisent à 27^d,9 $\times$ 0,87 7/8 ; etc...

450. VENTE DES SOIES ; NATURE DU COMMERCE.

451. COMPTE D'ACHAT D'UNE BALLE ORGANSIN DE FRANCE 24/26. (*A mettre en ordre.*) Net Kg. 83,60. Conditionnée,

Kg 82,10 à F. 110 ... F. 9031. Escompte 13 p. % ... F. 1174,03. Valeur à 60 jours ... F. 7856,97.

452. 1° *Compte d'achat d'une balle soie grége de France* $^{10}/_{11}$, AC, n° 32 (*A mettre en ordre*). Net Kg. 168. Conditionnée, Kg. 165,48 à F. 96 ... F. 15886,08. Escompte 13 p. % ... F. 2065,19. Valeur à 60 jours ... F. 13820,89.

2° *Compte d'achat d'une balle soie grége de Brousse* $^{13}/_{14}$, CL, n° 27 (*A mettre en ordre*). Net Kg. 121.82. Conditionnée, Kg. 120 à F. 95 ... F. 11400. Escompte 13 p. %. ... F. 1482. Valeur à 60 jours ... F. 9918.

3° *Compte d'achat d'une balle trame de France* $^{28}/_{30}$, DC, n° 48. (*A mettre en ordre*). Net, Kg. 95. Conditionnée, Kg. 93,575 à F. 104,994 ... F. 9824,85. Escompte 14 p. % ... F. 1375,47. Valeur à 10 jours ... F. 8449,35.

OPÉRATIONS. 1er *compte*. La perte au conditionnement = 168^{Kg} × 0,015 = 2^{Kg},52. Conditionnée, 165^{Kg},48. 3° *compte*. Conditionnée = 95^{Kg} × 0,985 = 93^{Kg},575. 1^f d'achat — escompte de 14 p. % déduit = 0^f,86. x^f d'achat × 0,86 = 8449^f,37 ; x^f = 8449^f,37 : 0,86 = 9824^f,85, payés pour 93^{Kg},575 ; le Kg a été payé 9824^f,85 : 93,575.

453. *Compte d'achat d'une balle organsin, filature* $^{24}/_{26}$, LB, n° 12. (*A mettre en ordre*). Net Kg. 101,42. Conditionnée Kg. 99,76 à F. 132 .. F. 13168,32. Escompte 12 p. % ... F. 1580,20. Valeur à 3 mois. . F. 11588,12.

454. ERRATUM. 2° compte à la fin au lieu de 10745^f,85 mettez 9760^f,85.

1° *Compte d'achat d'une balle organsin Piémont* $^{36}/_{40}$. LC. Net, Kg. 117,00. Conditionnée, Kg. 114,66 à F. 115... F. 13185,90. Valeur à 3 mois... F. 11603,59. Surescompte ½ p. % par mois .. F. 174,06. Valeur comptant... F. 11429.53.

2° *Compte d'achat d'une balle soie de France, trame* $^{40}/_{45}$. GL. Net, Kg. 96. Conditionnée Kg. 93,84 à F. 120... F. 11260^f,80. Escompte 12 p. %... F. 1351^f,30. Valeur à 3 mois, F. 9909,50. Surescompte ½ p. % pour 3 mois... F. 148,65. Valeur comptant... F. 9760,85.

OPÉRATIONS. 1er *Compte*. La perte au conditionnement = 117^{Kg} × 0,02 = 2^{Kg},34 ; reste 117^{Kg} — 2^{Kg},34 = 114^{Kg},66.

L'escompte se calcule sur le montant de l'achat, et le surescompte sur la valeur à trois mois.   *2e Compte.* La perte au conditionnement $= 96^{Kg} \times 0,0225 = 2^{Kg},16$; reste $93^{Kg},84$. 1^f payable à 3 mois $= 1^f - 0^f,015 = 0^f,985$ valeur au comptant. x^f payables à 3 mois $\times 0,985 = 9760^f,85$; $x^f = 9760^f,85 : 0,985 = 9909^f,50$. De même 1^f d'achat $= 0^f,88$ payable à 3 mois ; x^f d'achat $= 9909^f,50 : 0,88 = 11260^f,80$, prix de $93^{Kg},84$; le Kg a été acheté $11260^f,80 : 93,84$.

455 *Compte d'achat d'une balle soie grège de Brousse* $^{10}/_{12}$. Net ... Kg. 78,239. Tare, don, corde... Kg. 3. Net Kg. 75,239 à F. 94 ... F. 7072,50. Escompte $^1/_2$ p. %. F. 35,36. Boni pour avarie, 20^f ... F. 55,36. Net ... F. 7017,14. Courtage $^1/_3$ p. %... F. 23,39. Peseurs et frais divers... F. 15,45... F. 38,84. Total ... F. 7055,98. Commission d'achat $^1/_2$ p. %... F. 35,28. Valeur comptant ... F. 7091,26.   Le poids net $= Kg.(7072,50 : 94) = 75,239$, et le poids de la balle, $75^{Kg},239 + (1,8+0,2+1) = 78^{Kg},239$. Le reste n'offre aucune difficulté.

456. *Compte d'achat d'une balle soie grège de Syrie* $^{11}/_{13}$. Poids, Kg. 98,7. Tare, don, corde, 3^{Kg}. Net Kg. 95,7 à F. 95,589...F. 9147,87. Escompte, $1 ^2/_3$ p. %... F. 152,46. Boni, $25^f,00$... F. 177,46. Reste ... F. 8970,41. Courtage $^1/_3$ p. %... F. 29,90. Frais divers . .F. 37,75 ...F. 67,65. Total, F. 9038,06. Commission d'achat, $^1/_2$ p. %... F.45,19. Valeur comptant... F. 9083,25.   Avant de faire le compte, nous devons en chercher les éléments ; $^1/_2$ p. %, $^1/_2$ centième, c'est 0,005 du n. considéré ; $^1/_3$ p. %, $^1/_3$ du centième, c'est $^1/_{300}$; $1 ^2/_3$ ou $^5/_3$ p. %, c'est $^5/_{300}$. Appelons p_1, p_2, p_3 les prix de revient sur lesquels on prend l'escompte, le courtage, ou commission. $9083^f,25 = p_1 (1 + 0,005)$; $p_1 = 9083^f,50 : 1,005 = 9038^f,06$. La commission $= 9038^f,06 \times 0,005 = 45^f,19$. $9038^f,06 - 37^f,75$ (frais divers) $= 9000^f,31 = p_2 (1 + ^1/_{300})$; $p_2 = 9000^f,31 : (1 + ^1/_{300}) = 8970^f,41$. Le courtage $= 9000^f,31 - 8970^f,41 = 29^f,90$. $8970^f,41 + 25^f(\text{boni}) = 8995^f,41 = p_3 \times (1 - ^5/_{300})$; $p_3 = 8995^f,41 : (1 - ^5/_{300}) = 9147^f,87$, prix d'achat du poids net de tare $95^{Kg},7$. Prix du Kg, $9147^f,87 : 95,7$.

457 *Compte d'achat de 2 balles soies grèges chinoises tsattlées; 3e qualité.* Poids net, livres 208, à schellings 22,6... L. st.

235,0$^{sch.}$ 10^p. Courtage $^5/_8$ p. $^0/_0$ .. L. st. 4,9$^{sch.}$ 5^p. Total... L. st. 236, 10$^{sch.}$ 3^p. *Frais :* Emballage... L.st. 18 : Assurance sur 240 livres à L. st. 3 par 100^l... L. st. 7,4$^{sch.}$. Courtage 2 p. $^0/_0$... L. st. 4,14$^{sch.}$ 7^p. Total, L. st. 29,18$^{sch.}$ 7^p. Valeur comptant, L. st. 266,8$^{sch.}$ 10^p.

Opérations. Pour plus de simplicité, nous avons d'abord opéré par L. st. et décimales de L. st., puis nous avons converti nos résultats en L. st., schell. et pences. 22$^{sch.}$,6=1 L. st. + $^1/_{20}$ L. st. × 2,6 = L. st. 1,13. Les 208 livres valent L. st. 1,13×208=L. st. 235,04. Courtage, L. st. 235,04×$^5/_{800}$ = L. st. 1,47 ; total, L. st. 236,51. Emballage, 18 L st. ; assurance, L. st 236.51 × 0,03 = L. st. 7,20 ; courtage, L. st. 236,51 × 0,02 = L. st. 4,73. Valeur totale au comptant L. st. 266,44. On convertit ensuite en schell. et pences : 1° L. st. 235,04; 0,04 de 20$^{schell.}$ = 0,80$^{sch.}$ ou 0.80 de 12^p=9^p,6 en nombre rond, 10^p; L. st. 235.04=235$^{L. st.}$0$^{sch.}$10^p. De même 0,47 de L. st. = 0,47 de 20$^{sch.}$ = 9$^{sch.}$,4 ou 0,4 de 12^p= 4^p,8 (en n. rond), 5^p; 1$^{L. st.}$,47 = 1$^{L. st.}$9$^{sch.}$5^p. Ainsi de suite.

458. Compte de l'achat précédent en unités françaises. Poids net 94^{Kg},224 à 62^f,86 le Kg, F. 5923. Courtage, $^5/_8$ p. $^0/_0$... f. 37,02. Total F. 5960,02. Frais et emballage, F. 453,60; assurance sur 108^{Kg},72 à 75^f,60 par 45^{Kg},30... 181^f,43. Courtage 2 p. $^0/_0$, 119^f,20. Total 754^f,23. Valeur au comptant 6714^f,25.

Opérations. 208^{livres} = 0^{Kg},453 × 208 = 94^{Kg},224 ; L. st. 235,04 = 25^f,20 × 235,04 = 5923^f ; 240$^{liv.}$ = 108^{Kg},72 ; 100$^{liv.}$ = 45^{Kg},30. Avec ces valeurs et les conditions de l'énoncé, on établit aisément le compte précédent. On peut vérifier à la fin en convertissant 235$^{liv. st.}$0$^{sch.}$10^p en francs.

459. VELOURS. Renseignements.

460. REMARQUE. Nous disons de la soie n° 18, n° 26 pour dire de la soie à 18^d, à 26^d.

Rép. 8^g,386. La chaîne se compose de 80 × 25 ou 2000 fils de 1^m ; longueur totale, 2000^m de fil à 18^d. 500^m de ce fil pèsent 18^d ; 2000^m = 500^m × 4 pèsent 18^d × 4 = 72^d = 0^g,05311 × 72 = 3^g,824. La longueur l' du fil de trame à $26^d = 2000^m \times \sqrt{18:26}$ (*). *Voyez la note.* $\sqrt{18:26} \times \sqrt{0,6923} = 0,826$; $l' = 2000^m \times 0,826 = 500^m \times 4 \times 0,826$ de fil à 26^d qui pèsent $26^d \times 4 \times 0,826 = 85^d,904 = 0^g,05311 \times 85,904 = 4^g,562$. Poids total des deux fils, $8^g,386$.

461. *Rép.* $21^f,60$; $28^f,80$; 36^f; $43^f,20$. Le m. en $^1/_8$ de large, vaudrait $18^f : 5 = 3^f,60$. Le m. en $^3/_4$ ou $^6/_8$, vaut $3^f,60 \times 6$; en $^4/_4$ ou $^8/_8$, $3^f,60 \times 8$; en $^5/_4$ ou $^{10}/_8$, $3^f,60 \times 10$; en $^6/_4$ ou $^{12}/_8$, $3^f,60 \times 12$.

462. *Rép.* $2^f,517$. On calcule les prix des matières employées, et on additionne. Le total $54^f,375 = ^3/_5$ du prix de vente p; donc $p = 54^f,375 : ^3/_5 = 90^f,625$. Le *m.* coûte $90^f,62 : 36$.

463. Satins. Renseignements.

465. Déchets de soie. Renseignements.

466. La question doit être entendue ainsi : *Quelle est la longueur du fil anglais n° 1.* *Rép.* $773^m,553$.

Solution. Soit x mètres la longueur cherchée. Une livre anglaise du n° n' a pour longueur $x^m \times n'$. Un Kg de fil français n° n a pour longueur $1000^m \times n$. La somme des n°s français de 11 à $106 = ^1/_2 (11 + 106) \times 96 = 117 \times 48$; si on prend un Kg de fil de chacun de ces n°s, on aura une longueur totale de $1000^m \times 117 \times 48$. La somme des n°s anglais de 1 à $120 = ^1/_2 (1 + 120) \times 120 = 121 \times 60$; si on prend une livre anglaise de chacun de ces n°s, on aura une longueur de $x^m \times 121 \times 60$. D'après l'énoncé, les deux longueurs précédentes sont égales ; $x \times 121 \times 60 = 1000 \times 117 \times 48$. Par suite, $x = 1000 \times 117 \times 48 : 121 \times 60 = 773^m,553$.

(*) Résumons comme dans l'ex. 422. 500^m du n° n ou à n deniers, pèsent n deniers ; $500^m : n$ pèsent 1 denier. De même, $500^m : n'$ de fil à n' deniers pèsent 1 denier. Les volumes de ces fils de poids égaux sont égaux. On a donc, comme dans l'ex. 422, $d^2 \times (500 : n) = d'^2 \times (500 : n')$, ou $d^2 : n = d'^2 : n'$; $d^2 : d'^2 = n : n'$; $d : d' = \sqrt{n : n'}$ et enfin $l' = l \times (d : d') = l \times \sqrt{n : n'}$.

467. *Rép.* 23 ; 29 ; 59 ; 70 ; 88 ; 117; (à 1 près). 1000^g de fil français, n° n, ont pour longueur $1000^m \times n$; 1^g a pour longueur n^m. $453^g,55$ de fil anglais, n° n', ont pour longueur $773^m,553 \times n'$ (Ex. 466); 1^g a pour longueur $773^m,553 \times n'$: 453,55. D'après la définition de l'Ex. 422, ces deux longueurs sont égales. $n = 773^m,553 \times n'$: 453,55 ; d'où $n' = n \times$ 453,55 : 773,553 $= n \times 0,5863$. Pour trouver les n°s anglais demandés, il suffit donc de multiplier successivement 0,5863 par les n°s français donnés 40, 50, etc. On trouve ainsi : 23,4 ; 29,3; 58,6 ; 70,2 ; 87,9 ; 117,2. Les nombres entiers les plus voisins sont 23 ; 29 ; 59 ; 70 ; 88 ; 117.

468. INDIGOS. Dosage des indigos du commerce.

469. *Rép.* 16^{Kg} ; 12^{Kg} ; $41^{Kg},5$; $5^{Kg},5$; 78 p. %.

Erratum. Au lieu de $1578^f,72$ mettez dans l'énoncé $2232^f,48$, et $172^f,40$ *de plus* au lieu de $172^f,40$ *de moins*.

Le prix d'achat, $p \times 1,20 = 2232^f,48$; ce prix $= 2232^f,48$: $1,20 = 1860^f,40$. Appelons p_1 le prix des Kg des deux premières qualités, et $p_1 + 172^f,40$ le prix des deux dernières; le total $2p_1 + 172^f,40 = 1860^f,40$; $2p_1 = 1860^f,40 - 172^f,40 = 1688^f$; $p_1 = 844^f$, et $p_1 + 172^f,60 = 1016^f,60$. Appelons de même p_1 le poids des deux 1res qualités, et $p_1 + 19$ le poids des deux dernières ; le total $2p_1 + 19^{Kg} = 75^{Kg}$; $2p_1 = 75 - 19 = 56$; $p_1 = 28$, et $p_1 + 19 = 47$. 28^{Kg} de 1re qualité, à 31^f, coûteraient $31^f \times 28 = 868^f$ au lieu de 844^f. L'excédant 24^f, vient de ce qu'on a compté, à 31^f, les Kg achetés de 2e qualité qui valent 29^f. C'est 2^f d'excédant pour chacun de ces Kg ; $24 : 2 = 12$. Le marchand a donc acheté 12^{Kg} de 2e qualité et $28 - 12$ ou 16^{Kg} de la 2e. 47^{Kg} de la 3e qualité à 22^f valent $22^f \times 47 = 1034^f$ au lieu de $1016^f,40$. L'excédant, $17^f,60$, est dû à ce qu'on a compté les Kg de 4e qualité à 22^f au lieu de $18^f,80$. Excédant pour chacun de ces Kg. $22^f - 18^f,80 = 3^f,20$; nombre de ces Kg, $17,60 : 3,20 = 5,5$; nombre des Kg de 3e qualité, $47 - 5,5 = 41,5$.

DOSAGE. 16^{Kg}, de la 1re qualité contiennent, $0^{Kg},96 \times 16 = 15^{Kg},36$ d'indigo pur ; 12^{Kg} de la 2e qualité en contiennent $0^{Kg},89 \times 12 = 10^{Kg},68$; $41^{Kg},5$ de la 3e, $0^{Kg},71 \times 41,5 = 29^{Kg},465$, et enfin $5^{Kg},5$ de la 4e, $0^{Kg},56 \times 5,5 = 3^{Kg},080$.

Total : $58^{Kg},585$ d'indigo pur dans 75^{Kg} des 4 qualités ; c'est $58^{Kg},585 : 75 = 0^{Kg},78$ par Kg ; 78 p. %.

470. GARANCE. Renseignements.

471. *Rép.* $35^f,16$; $24^f,16$. Le prix du palud $\times (1 - 0,09) = 32^f$; ce prix $= 32^f : 0,91 = 35^f,16$. L'alizari 11^f de moins.

472. TISSUS IMPRIMÉS. Renseignements.

473. *Rép.* Totaux : $13^f,87$; $26^f,38$; $12^f,78$; $22^f,59$. Prix du mètre $0^f,277$; $0^f,406$; $0^f,255$; $0^f,347$. Le m. vaut 1º $13^f,87$: 50 ; 2º $26^f,38$: 65 ; etc.

474. BLEU. Matières et frais dans l'ordre de l'Ex. 473 : $0^f,335$; $0^f,12$; $2^f,40$; $0^f,833$; $2^f,812$; 6^f ; total : $12^f,50$. VERT. *Idem* : $0^f,251$; $0^f,12$; $2^f,40$; $0^f,623$; $2^f,106$; 6^f ; total : $11^f,50$. BLEU. 50^m à $0^f,25$ reviennent à $12^f,50$. Les prix de détail communs au compte du bleu et au 1er compte précédent (Ex. 473) sont $0^f,12$; $2^f,40$ et 6^f dont le total est $8^f,52$; $12^f,50 - 8^f,52 = 3^f,98$. Le reste est la somme des prix demandés qui doivent être proportionnels à $0^f,45$; $1^f,12$ et $3^f,78$. Je divise donc $3^f,98$ en parties proportionnelles à ces nombres, et je trouve $0^f,335$; $0^f,833$; $2^f,812$. VERT. 50^m à $0^f,23$ valent $11^f,50$; $11^f,50 - 8^f,52 = 2^f,98$. Je partage encore $2^f,98$ en parties proport. à $0^f,45$; $1^f,12$ et $3^f,78$; je trouve : $0^f,251$; $0^f,623$; $2^f,106$.

INDUSTRIE HOUILLÈRE ET MÉTALLURGIQUE.

475. CLASSEMENT DES HOUILLES. Renseignements.

476. Mettez : *Quels sont les prix des six classes des deux autres grosseurs ?*

Rép. Gros : $1^f,77$; $1^f,515$; $1^f,425$; $1^f,41$; $1^f,35$; $1^f,635$. *Menu* : $0^f,59$; $0^f,505$; $0^f,475$; $0^f,47$; $0^f,45$; $0^f,545$. Les prix du menu sont moitié de ceux du moyen, et ceux du gros triples de ceux du menu.

477. Analyse des houilles du bassin de la Loire.

478. Prix demandés des houilles dans l'ordre de l'énoncé :

Les 1000ᴷᵍ : fr. 20,73; 17,272 ; 22,55 ; 24.55 ; 13,09.

Le m. cube : 17,21 ; 14,34 ; 18,71 ; 20,37 ; 10.86.

Le Kg de coke vaut 0ᶠ,80 : 40 = 0ᶠ,02. Le Kg de bitume 10ᶠ : 100 = 0ᶠ,1.

1° *Houilles anthraciteuses*. Les 1000ᴷᵍ donnent 1000ᴷᵍ × 0,84 = 840ᴷᵍ de coke valant 0ᶠ,02 × 840 = 16ᶠ,80 et 1000ᴷᵍ × 0,06 = 60ᴷᵍ de bitume valant 0ᶠ,10 × 60 = 6ᶠ ; total, 22ᶠ,80. Ces 22ᶠ,80 = le prix p des 1000ᴷᵍ de houille, plus 0,1 de p pour frais de transformation ; 22ᶠ,80 = p × 1,1 et p = 22ᶠ,80 : 1,1 = 20ᶠ,73. Les 1000ᴷᵍ de houille valant 20,73, le mc = 830ᴷᵍ = 20ᶠ,73 × 0,830 = 17ᶠ,21. On trouve de même les prix des autres houilles.

479. Prix de revient aux lieux de consommation.

480. *Rép.* 5ᶠ,43. En additionnant, on trouve le prix d'achat à Paris, = 3ᶠ,62 = les ²/₃ du prix de vente. Ce dernier prix = 3ᶠ,62 : ²/₃.

481. *Rép.* 4ᶠ,72; 5ᶠ,21. Si le prix coûtant était 1ᶠ, le prix de vente serait 1ᶠ,20 et les frais de magasinage, 1ᶠ,20 : 9 = ¹²/₉₀ = ²/₁₅ fr., et le prix coûtant moins le magasinage = 1ᶠ − ²/₁₅ᶠ = ¹³/₁₅ fr. Il résulte de là que le prix coûtant moins les frais de magasinage = ¹³/₁₅ du prix coûtant ou ce prix × ¹³/₁₅. Mais le prix du magasinage déduit, il reste pour le Mons 3ᶠ,41 et pour le Charleroi 3ᶠ,76 (prix principal et autres frais). Donc, pour le Mons, le prix coûtant = 3ᶠ,41 : ¹³/₁₅ = 3ᶠ,934, et pour le Charleroi, 3ᶠ,76 : ¹³/₁₅ = 4ᶠ,338. Les prix de vente demandés sont 3ᶠ,934 × 1,2 = 4ᶠ,72, et 4ᶠ,338 × 1,2 = 5ᶠ,21.

482. *Rép.*

		Prix de revient.	Prix de vente.
Mons :	Gaillette . .	4ᶠ,00.	4ᶠ,80.
	Tout-venant.	3 ,17	3 ,81
	Fines . . .	2 ,92	3 ,50
Charleroi :	Gaillette . .	4 ,45	5 ,34
	Tout-venant.	3 ,42	4 ,10
	Fines . . .	2 ,95	3 ,54

Nous raisonnerons comme au problème précédent; les frais sont les mêmes que ceux qui y sont indiqués, à l'exception du prix principal. Nous dirons : *Mons.* gaillette, prix principal, 2^f, mise à bord, $0^f,06$; fret, $1^f,23$; douane $0^f,18$; total $3^f,47 =$ les $^{13}/_{15}$ du prix de revient; ce dernier $= 3^f,47 : ^{13}/_{15} = 4^f,004$, et le prix de vente, $4^f,004 \times 1,20$. Ainsi de suite.

483. *Rép.* $32^f,12$. Prix principal, $1^f,13 \times 10 = 11^f,30$; fret, $14^f + 1^f,4 = 15^f,40$; douane, $3^f + 0^f,60$; remorquage $1^f,50$; total de ces frais $31^f,80$. L'assurance et les frais divers étant de 1 p. % du prix de revient, la somme $31^f,80 =$ les $0,99$ du prix de revient; ce prix $= 31^f,80 : 0,99 = 32^f,12$, le centième (1 p. %) $= 0^f,32$.

484. *Rép.* *Gros,* 2e *qual.*: Prix principal, $10^f,69$; fret, $15^f,40$; douane, $3^f,60$; remorquage, $1^f,50$; assur., $0^f,31$. *Tout-venant* : Prix $9^f,002$; fret $15^f,40$; douane $3^f,60$; remorq, $1^f,50$; ass. $0^f,298$. L'assurance, $0,01$ du prix de revient, est pour le gros, $31^f,10 \times 0,01 = 0,311$. Le total des autres frais, les mêmes qu'à l'ex. 483, est $20^f,50$. Le prix principal $= 31^f,10 - 20^f,50 - 0^f,31 = 10^f,69$. Le détail ci-dessus s'ensuit. De même pour le tout-venant.

485. Minerais. Renseignements.

486. *Rép.* $35,66$ p. %. $^2/_3 \times ^{11}/_{25} = ^{22}/_{75}$; $^1/_3 \times ^{27}/_{170} = ^9/_{170}$; $^1/_3 \times ^{27}/_{64} = ^9/_{64}$. Je multiplie successivement 30078129 par $^{22}/_{75}$; $^9/_{170}$; et $^9/_{64}$ et je trouve: minerai lavé, $8822917^{qx},84$; minerai grillé, $1592371^{qx},53$; minerai trié, 4229737^{qx}. J'additionne et je trouve $14645026^{qx},37$ de minerai prêt à être fondu, ayant donné 5223000 quintaux de fonte. 100 quintaux ont donné $(5223000^{qx} \times 100 : 14645026,37) = 35^{qx},66$.

487. *Rép.* De $3^f,45$. J'additionne $0^f,131$; $0^f,397$; ...; $0^f,54$, pour trouver le total des frais par quintal de minerai prêt à être fondu; ce total est $1^f,231$. Je multiplie $1^f,231$ par le nombre des quintaux de ce minerai $(14645026,37)$; je trouve $18028027^f,461$ que je divise par le nombre des quintaux de fonte; le quotient est $3^f,451$.

488. *Rép.* Redev. $0^f,1064$; expl. $0^f,3225$; lavage $0^f,0982$;

grillage 0ᶠ,0342 ; transport 0ᶠ,4386. Pour 1ᶠ,231 de minerai prêt à être fondu, la *redevance* est 0ᶠ,131 ; pour 1ᶠ, elle est 0ᶠ,131 × 1 ou 0ᶠ,131 : 1,231. De même pour les autres frais.

489. *Rép.* Kg. 293,333 ; 52,941 ; 140,625. Les quantités de minerai lavé, grillé, trié, sont les mêmes parties de la quantité de minerai brut que dans l'ex. 486, c'est-à-dire les $^{22}/_{75}$, les $^{9}/_{170}$ et les $^{9}/_{64}$ de la quantité considérée de ce minerai. Je multiplie 1000ᵍ par ces 3 fractions ; ce qui donne Kg. 293 $^1/_3$, 52,941 et 140,625.

490. FONTES. Renseignements.

491. *Rép.* 9210ᴷᵍ,526 ; 63158ᴷᵍ ou 63ᵗ,158. On met dans le fourneau du minerai prêt à être fondu. 1ᴷᵍ de ce minerai donne 0ᴷᵍ,38 de fonte. Pour avoir 3500ᴷᵍ et 24 tonnes de fonte, il faut 3500ᴷᵍ : 0,38 et 24ᵗ : 0,38 de ce minerai.

492. *Rép.* Fonte au bois, 1ʳᵉ fusion, 246ᶠ,05 ; au coke, 1ʳᵉ fusion, 216ᶠ,52 ; id., 2ᵉ fusion, 152ᶠ,46. D'après l'énoncé, la f. au b., 1ʳᵉ fusion, coûte 185ᶠ × (1 + 0,33) = 246ᶠ,05 ; la fonte au coke, 1ʳᵉ fusion, 246ᶠ,05×0,88 = 216ᶠ,52 ; la f. au coke, 2ᵉ fusion, 216ᶠ,52 : (1 + 0,42) = 152ᶠ,46.

493. FER. Renseignements.

494. *Rép.* 1380ᴷᵍ ; 8804ᴷᵍ,34. Le déchet sur 1500ᴷᵍ de fonte = 1500ᴷᵍ × 0,08 = 120ᴷᵍ ; le rendement en fine métal = 1500ᴷᵍ — 120ᴷᵍ = 1380ᴷᵍ. Pour 2835ᶠ, à 0ᶠ,35 le Kg, on aura 2835 : 0,35 ou 8100ᴷᵍ ; or 1ᴷᵍ de fonte donnant 0ᴷᵍ,92 de fine métal, pour en avoir 8100ᴷᵍ, il faudra employer 8100ᴷᵍ : 0,92 = 8804ᴷᵍ,34 de fonte.

495. *Facture du marchand de fer.* Mettez dans l'énoncé : *pour 1140ᶠ,17, 3000ᴷᵍ de fer comprenant... etc.*

Gros fers au bois,	200ᴷᵍ	à 41ᶠ,30 les 100ᴷᵍ			82ᶠ,60
Petits fers au bois,	600	à 51 ,62	id		309 ,73
Gros fers à la houille,	800	à 25 ,81	id.		206 ,49
Petits fers à la houille,	1400	à 38 ,72	id.		542 ,05
				Total.	1140ᶠ,87

$1/_{30}$ de $3000^{\text{Kg}} = 100^{\text{Kg}}$. Le marchand a donc acheté 200^{Kg} de gros fers au bois, 600^{Kg} de petits id., 800^{Kg} de gros fers à la houille, et 1400^{Kg} de petits fers id. A 100^{f} les 100^{Kg} de petits fers au bois, les gros coûteraient $100^{\text{f}} \times 4/_5 = 80^{\text{f}}$; les gros à la houille, $100^{\text{f}} \times 1/_2 = 50^{\text{f}}$, et les petits id., $50^{\text{f}} \times 1,5 = 75^{\text{f}}$. A ces prix, le marchand aurait payé les 3000^{Kg}, $80^{\text{f}} \times 2 + 100^{\text{f}} \times 6 + 50^{\text{f}} \times 8 + 75^{\text{f}} \times 14 = 2210^{\text{f}}$. Mais il n'a payé en réalité que $1140^{\text{f}},87$. Je divise $1140^{\text{f}},87$ par 2210. $1140^{\text{f}},87 = 2210^{\text{f}} \times 0,51623$. Les prix supposés doivent donc être multipliés par $0,51623$. Les petits fers au bois ont coûté en réalité $100^{\text{f}} \times 51623 = 51^{\text{f}},62$ les 100^{Kg}; les gros id. $51^{\text{f}},62 \times 0,8 = 41^{\text{f}},30$; les gros à la houille, $51^{\text{f}},62 \times 1/_2 = 25^{\text{f}},81$ et les petits id. $25^{\text{f}},81 \times 1,5 = 38^{\text{f}},72$.

496. *Rép.* $4^{\text{f}},17$ p. %. Les 125^{Kg} de fer coûtent $2^{\text{f}} \times 30 = 60^{\text{f}}$; 1000^{Kg} coûtent $60^{\text{f}} \times 8 = 480^{\text{f}}$ et se vendent 500^{f}; diff. 20^{f}; diff. p. % sur le prix d'achat, $20^{\text{f}} : 4,80$.

497. *Compte.* Achat de 10000^{Kg} de fer à 245^{f} la tonne ..... 2450^{f}; fret à 12^{f} la tonne... 120^{f}; ass. 1 p. % sur valeur en entrepôt... $26^{\text{f}},16$; camionnage 2^{f} par tonne... 20^{f}; total... $2616^{\text{f}},16$. Prix des 1000^{Kg}... $261^{\text{f}},616$. L'assurance $= 0,01$ de la valeur en entrepôt; les frais d'achat, de fret, et de camionnage, qui sont de 2590^{f}, forment les $99/_{100}$ du prix de revient; ce prix $= 2590^{\text{f}} : 0,99 = 2616^{\text{f}},16$ et l'ass. 1 p. % de $2616^{\text{f}},16$.

498. Compte de 10000^{Kg} de fer. Achat de 10000^{Kg} à 180^{f} la tonne... 1800^{f}; commission 1 p. %... 18^{f}, transport 5^{f} par tonne. . 50^{f}; conditionnement... 25^{f}; fret, 20^{f} par tonne et 10 p. %... 220^{f}; assurance $1,5$ p. %... $32^{\text{f}},40$; déchargement... 15^{f}. Total... $2160^{\text{f}},40$. Prix de revient des 1000^{Kg}... $216^{\text{f}},04$. L'assurance étant $1 \, 1/_2$ p. % ou $0,015$ du prix de revient p, le total des autres frais $2128^{\text{f}} = p \times (1 - 0,015)$.
$p = 2128^{\text{f}} : 0,985 = 2160^{\text{f}},40$; l'assurance $= 2160^{\text{f}},40 \times 0,015$.

499. Acier. Renseignements.

500. *Erratum.* Mettez à la fin: le 1er acier vaut, par Kg, $1/_4$ de plus que le 2e, le 4e autant que le 2e, et le 3e, $1/_4$ de moins.
Compte de la vente: Acier naturel laminé, 2400^{Kg} à

1^f,25... 3000^f; acier puddlé étiré, 3000^{Kg} à 1^f... 3000^f; acier cémenté 5600^{Kg} à 0^f,75... 4200^f; acier fondu pour outils, 4000^{Kg} à 1^f... 4000^f. En tout, 15000^{Kg} pour 14200^f.

p_1 étant le prix du total du 1er acier. le 2e coûte p_1, le 4^e $p_1 + 1000^f$, et le 3e, $p_1 + 1200^f$; total $4p_1 + 2200^f = 14200^f$. Par suite, $4p_1 = 14200^f — 2200^f = 12000^f$; les 4 prix sont 3000^f, 3000^f, 4200^f et 4000^f. A 1^f le Kg du 2e acier, le 1er vaut 1^f,25, le 4e, 1^f et le 3e, 0^f,75 Pour 3000^f, on a 3000 : 1,25 ou 2400^{Kg} du 1er acier; pour 3000^f, 3000^{Kg} du 2e; pour 4200^f, 4200 : 0,75 ou 5600^{Kg} du 3e; pour 4000^f, 4000^{Kg} du 4e. Le poids total est bien 15000^{Kg}, et le prix total 14200^f. Les prix supposés par Kg sont donc les prix réels.

501. CUIVRE. Renseignements.

502. *Rép* 7,73 p. %; 12^f,367.   Le minerai employé pèse 1065^{Kg} $\times$ 155005 = 165080325^{Kg}; il a donné 1065^{Kg} $\times$ 11988 = 12767220^{Kg} de cuivre valant 25^f $\times$ 816607 = 20415175^f. Le produit de 100^{Kg} de minerai = 20415175^f : 1650803,25 = 12^f,367. et le rendement de 100^{Kg} = 1276722000^{Kg} : 165080325 = 7^{Kg},73 de cuivre.

503. Éléments du compte demandé : 1964 livres à D. 0,22,.. D. 432,08. Courtage, D. 2,16 ; frais, 2 D. Total, D. 436,24. Commission à 2 1/2 p. %, D. 10,91 ; valeur comptant, D. 447,15.

Même compte en unités françaises :   889^{Kg},692 à F. 25,224.. , F. 2246,82. Courtage, 11^f,23 ; frais divers, F. 10,40. Total : F. 2268^f,45. Commission, 56^f,70 ; valeur comptant, F. 2325,15.

Les opérations s'expliquent aisément.

504. *Erratum*. Mettez *droits de sortie*: R. 28,08.   Établissez le compte *en ordre* avec les éléments donnés et les éléments trouvés ci-après :   600 pouds à RB. 13... RB 7800. Droits de sortie, RB. 28,08; quarantaine, RB. 0,28. Courtage d'affrétement et frais, RB. 10. Total avant le courtage, RB. 8124,36. Commission d'achat et frais de change, 2 5/8 p. %, R. 213,25. Total général, RB. 8337,61.   *Prix des* 100^{Kg}. 600 pouds = 9828^{Kg} coûtant RB. 8337,61 = 8837^f,87, les 100^{Kg} valent 8837^f,87 $\times$ 100 : 9828 = 89^f,92.

505. Composition des alliages de cuivre.

506. *Rép.* 465^f,30. 90^{Kg} de cuivre coûtant 405^f et 10^{Kg} d'étain 51^f, total 456^f, donnent 98^{Kg} de bronze; 1^{Kg} de bronze coûte 456^f : 98, et 100^{Kg}, 45600^f : 98.

507. *Erratum.* La question doit être posée ainsi: *Trouver le poids de chaque métal employé, son volume, et le volume de l'alliage.*

Rép. Cuivre, 936^{Kg}; 105^{dmc},761; étain, 264^{Kg}; 36^{dmc},214; alliage, 1200^{Kg}; 142^{dmc},012. Poids du cuivre, dans 1^{Kg} d'alliage, 0^{Kg},78; dans 1200^{Kg}, 0^{Kg},78 × 1200 = 936^{Kg}. Volume (936 : 8,85)^{dmc}. De même pour l'étain, 0^{Kg},22 × 1200 = 264^{Kg} et (264 : 7,29)^{dmc}. Volume de l'alliage, (1200 : 8,45). Nous avons appliqué la formule P = V × p qui donne V = P : p.

508. *Rép.* 1re *question.* 1er *cas.* Cuivre, 136^{Kg},50; étain, 13^{Kg},50. 2e *cas.* 112^{Kg},500 et 37^{Kg},5. 3e *cas.* 100^{Kg} et 50^{Kg}. 2e *question.* 68^{Kg},493 de la 1re composition et 131^{Kg},507 de la 2e. 1re *question.* Pour le 1er cas, les quantités demandées sont, d'après le n° 505, 150^{Kg} × 0,91 et 150^{Kg} × 0,09. Ainsi de suite. 2e *question.* 100^{Kg} de la 1re composition contiennent 91 — 75 ou 16^{Kg} de cuivre de plus qu'il n'y en a dans 100^{Kg} de la 2e. Dans 200^{Kg}, l'excès est 32^{Kg}. Or 1^{Kg} de la 3e composition contient $^{91}/_{100}$ — $^2/_3$ = $^{73}/_{300}$ de Kg de cuivre de moins que 1^{Kg} de la 1re. Pour annuler l'excès précité de 32^{Kg}, il suffit de remplacer un n. de Kg = 32 : $^{73}/_{300}$ = 9600 : 73 = 131,507 de la 1re composition par autant de Kg de la 3e. On prendra donc 131^{Kg},507 de la 3e, et 200 — 131,507 ou 68^{Kg},493 de la 1re.

509. Plomb. Renseignements.

510. Remplacez dans l'énoncé de la question 480000^f par 487660^f et 260780^f par 360780^f, et la dernière ligne par ceci : $^1/_4$ *de moins que la litharge, et à Poullaouen* $^1/_6$ *de moins.*

Rép. A Pontgibaud, 0^f,60 et 0^f,80; à Poullaouen, 0^f,50 et 0^f,60. *Mine de Pontgibaud.* 1190^{Kg} d'argent valent 222^f × 1190 = 264180^f; il reste pour le plomb 360780^f —

264180^f = 96600^f. Les 17000^{Kg} de plomb valent autant que 17000^{Kg} × (1 — $^1/_4$) = 12750^{Kg} de litharge; de sorte que 108000 + 12750 ou 120750^{Kg} de litharge valent 96600^f, et 1^{Kg}, 96600^f : 120750 = 0^f,80, et 1^{Kg} de plomb, 0^f,80×(1 — $^1/_4$)=0^f,60. *Mines de Poullaouen.*   L'argent vaut 222^f × 1280 = 284160^f. Restent pour le plomb et la litharge, 203500^f. Les 119000^{Kg} de plomb valent 119000 (1 — $^1/_6$) = ou 99166^{Kg} $^2/_3$ de litharge ; de sorte que (240000 + 99166 $^2/_3$) ou 339166^{Kg} $^2/_3$ de litharge ont produit 203500^f; le Kg vaut donc 203500^f : (339166 $^2/_3$) = 0^f,60. Le Kg de plomb a produit 0^f,60 × (1 — $^1/_6$) = 0^f,50.

511. *Rép.* 33^f,15. Les 574^{Kg} de minerai rendent 574^{Kg} × 0,575 = 330^{Kg},05 de plomb qui coûtent 1° pour le minerai, 0^f,265 × 5 × 574 : 11,5 = 66^f,14 ; 2° pour le bois, 0^f,265 ×3×50 = 39^f,75 ; 3° p^r main-d'œuvre, 0^f,265 × 11 = 2^f,915; 4° pour les outils, 0^f,68×0,90 = 0^f,612 ; total. 109^f,42. Le Kg de plomb coûte 109^f,42 : (574 × 0.575) = 109^f,42 : 330,05 ; les 100^{Kg} coûtent 10942^f : 330,05 = 33^f,15.

512. Mettez à la fin de l'énoncé : *Le plomb neuf coûtant* 0^f,70 *le* Kg *et le vieux,* $^1/_7$ *de moins.* Le Kg de vieux plomb coûte 0^f,70 × (1 — $^1/_7$) = 0^f,60.   Sur 5^{Kg} achetés, il y a 3^{Kg} de plomb neuf et 2^{Kg} de vieux. Les 3^{Kg} coûtent 0^f,70 × 3 = 2^f,10 moins 4,5 p. % d'escompte = 2^f,10 × (1 — 0,045) = 2^f,00550. Les 2^{Kg} coûtent 0^f,60 × 2 = 1^f,20 moins 4 p. % de réfection = 1^f,20 (1 — 0,04) = 1^f,152. Les 5^{Kg} coûtent net 3^f,15750. Je divise le prix d'achat total 5683^f,50 par 3^f,1575, et je trouve que 5683^f,50 = 3^f,1575 × 1800. Les quantités achetées sont donc 3^{Kg} × 1800 de plomb neuf, et 2^{Kg} × 1800 de vieux plomb. Voici la facture :

5400^{Kg} de plomb neuf à 0^f,70. . . .		3780^f
3600^{Kg} id. vieux à 0^f,60. . . .		2160
		5940
4 $^1/_2$ p. % d'escompte sur 3780^f.	170^f,10	
4 p. % de réfection sur 2160^f.	86^f,40	256^f,50
Net. . . .		5683^f,50

513. ERRATUM. Ligne 14, *au lieu de* 0^f,18 *mettez* 0^f,33 par Kg.

Voici les éléments du compte que les élèves doivent établir avec tous les détails de l'énoncé, et disposer d'après les divers modèles de comptes en ordre qui se trouvent dans leur livre. (Voy. l'ex. 413).

Achat à New-Orléans, D. 2387,40. *Frais à id.* Charroi, D. 24,86; quai, D. 5,33; autres frais divers, 2 D. Total, D. 2419,59. Commission. D. 60,48. Total. D. 2480,07. Remboursement sur New-York à 4 p. % de prime (diminution), D. 2380,87; courtage de négociation, D. 6,20. A payer D. 2387,07. — *Frais à New-York.* Commission de tirage et courtage de négociation D. 42,52. Port de lettres, D. 1,41. — Valeur totale à New-York, D. 2431. Remboursement sur Paris, F. 12762,75. — *Frais à Marseille.* Fret, D. 55,91 à 5^f,25... 293^f,55, frais de douane, F. 3,50; portefaix, etc., F. 238,05. Droits de douane, 1984^f,20; magasinage, 25^f. Assurance maritime, 200^f,55; id. contre le feu, 16,50. Commission de vente à Paris, 31^f,90; courtage de vente, 55^f. Escompte de vente, commission id., dûcroire, 821^f,60. Total général, F. 16433,60.

Rendement. Kg. 36076 à 22^f,776 par 50^{Kg} acquittés, F. 16433,60.

Les calculs à faire se voient et s'expliquent aisément. A 4 p. % prime signifie avec escompte de 4 p. %. La commission et le courtage, en tout 1 $^3/_4$ p. % du total général, se calculent comme il a été expliqué n° 233, et n°^{s} 412 et 413. De même plus bas, pour l'escompte, la commission de vente, en tout 5 p. % du total général. La 1re fois, on calcule le total p dû à New-York, à part la commission et le courtage en question; $p = $ D. 2388,48. $p + P \times 0,0175 = P$; $p = P \times (1 - 0,0175)$; et $P = p$ ou 2388,48 : $(1 - 0,0175) = 2431$. Dans le 2e cas, on additionne de même, et on trouve $p = 15611^f,20$; $P = 15611^f,40 : (1 - 0,05) = 16433,60$.

FIN.

OUVRAGES DE M. A. GUILMIN

N. B. *Les notes qui suivent en petit caractère sont extraites en grande partie de lettres écrites à M. Guilmin par un grand nombre de chefs d'établissements, de professeurs, d'inspecteurs primaires et d'instituteurs.*

1. **Cours complet d'arithmétique** (n° 1), convenant aux deux enseignements secondaires, à l'usage des lycées et colléges et de tous les établissements d'instruction publique, renfermant un grand nombre d'applications usuelles au commerce, à la banque et à l'industrie. 22° édition. 1 vol. in-8.   4 fr.

2. **Arithmétique** (n° 1 *bis*), conforme au programme de l'enseignement secondaire spécial, à l'usage des lycées et colléges et de tous les établissements d'instruction publique. 1 vol. in-18 cartonné.   3 fr.

3. **Livre du maître des arithmétiques** (1 et 1 *bis*), contenant les solutions développées des questions proposées dans ces arithmétiques.   2 fr. 50

L'ARITHMÉTIQUE (n° 1), telle qu'elle est aujourd'hui, convient dans l'*enseignement secondaire classique* pour la préparation au Baccalauréat ès sciences et aux écoles du gouvernement.

Elle convient aussi à l'*enseignement secondaire spécial.* Toutes les questions usuelles indiquées dans le programme de cet enseignement y sont traitées avec soin et détail. Cette partie du livre a obtenu l'approbation des hommes spéciaux et praticiens les plus compétents.

Enfin, elle est employée pour l'*enseignement primaire supérieur* dans beaucoup de petits séminaires et d'institutions ecclésiastiques, d'écoles normales primaires et d'écoles commerciales ou professionnelles. Un grand nombre d'instituteurs s'en servent pour perfectionner leur instruction personnelle et celle de leurs élèves les plus avancés.

Cette arithmétique contient, pour ceux qui ne savent pas l'algèbre, des notions pratiques *sur les progressions et les logarithmes* servant à résoudre les principales questions usuelles relatives aux intérêts composés, aux placements et aux remboursements par annuités, qui y sont ensuite traitées.

L'ARITHMÉTIQUE (n° 1 *bis*) un peu moins étendue et *d'un prix moins élevé* que l'arithmétique in-8° (n° 1) *dont elle est textuellement extraite*, est destinée aux élèves de l'enseignement secondaire spécial qui veulent se borner à étudier sérieusement et *complétement*, mais *uniquement*, ce qui est demandé dans leur programme.

4. Éléments d'arithmétique théorique et pratique (n° 2), renfermant un grand nombre d'applications les plus usuelles, à l'usage des instituteurs et de leurs élèves les plus avancés, des aspirants et des aspirantes aux divers brevets, des écoles normales primaires, des écoles professionnelles et commerciales. 13° édit. 1 vol. in-18 cart.   1 fr. 80

5. Livre du maître de l'arithmétique (n° 2), contenant les énoncés et les solutions développées des questions proposées dans cette Arithmétique. 1 vol. in-18, cartonné.   2 fr. 50

L'arithmétique n° 2 contient, comme l'arithmétique n° 1, des notions pratiques sur les progressions et les logarithmes. Elle est jugée suffisante et employée dans beaucoup d'écoles pour les élèves qui se préparent au commerce et à l'industrie. Elle convient pour les candidats aux Écoles d'arts et métiers, des mines, et autres analogues.

6. Arithmétique (n° 3), à l'usage des écoles primaires et des classes élémentaires de tous les établissements d'instruction publique. 10°édition. cartonné.   1 fr. 10

7. Livre du maître de l'arithmétique (n° 3), contenant les énoncés et les solutions développées des questions proposées dans cette Arithmétique. 2° édition. 1 vol. in-18, cartonné.   2 fr

L'arithmétique n° 3 convient et *suffit* au plus grand nombre des élèves des écoles primaires et des classes *élémentaires* de français, ou de latin jusqu'à la quatrième. On y trouve suffisamment détaillées et généralement démontrées toutes les règles de calcul qu'il importe à ces élèves de connaître, ainsi que leurs applications usuelles les plus importantes. Elle contient de plus un grand nombre de questions usuelles proposées, se rapportant aux diverses circonstances de la vie, qui intéressent beaucoup les élèves, exercent leur intelligence, et les disposent à étudier avec goût et avec soin l'arithmétique, dont elles manifestent la grande et continuelle utilité.

Ce livre a obtenu un immense succès. Il a été adopté dans des milliers d'écoles, dont les maîtres le trouvent parfaitement approprié à sa destination.

8. Petite Arithmétique décimale pratique à l'usage des écoles primaires et des classes les plus élémentaires. 1 vol. petit in-18, cartonné.   0 fr. 80

9. Livre du maître de la petite Arithmétique décimale pratique, contenant les solutions des questions proposées dans cette arithmétique. 1 vol. petit in-18, cartonné.   0 fr. 80

N. B. On peut prendre ce dernier volume comme treizième.

Cette petite arithmétique a été composée, à la demande d'un grand nombre d'instituteurs, pour être mise comme premier livre entre les mains des plus jeunes élèves des écoles primaires *des deux sexes.* Elle ne contient que des règles pratiques détaillées et des notions premières sur les sujets traités qui sont : *la numération et les quatre opérations fondamentales sur les nombres entiers et les nombres décimaux, le système métrique complétement exposé, les règles de trois et d'intérêt brièvement expliquées.* Les règles pratiques sont accompagnées d'exercices très-élémentaires et suivies d'un très-grand nombre de petites questions usuelles proposées, à la portée des jeunes enfants, qui s'en occupent volontiers avec plaisir, et apprennent ainsi sans fatigue ni ennui à raisonner et à calculer.

Ce petit ouvrage plaît beaucoup aux instituteurs qui l'ont déjà adopté ; ils trouvent que le 1ᵉʳ enseignement est rendu facile et efficace par un livre ainsi composé.

Les *institutrices* en sont aussi très-satisfaites ; *ce livre suffit seul,* et convient parfaitement, disent-elles, *à un grand nombre d'élèves dans les Ecoles de filles.*

10. Recueil de 1771 exercices sur les sujets les plus usuels, annexe aux Arithmétiques nᵒˢ 1, 2 et 3 de

A. Guilmin, à l'usage des écoles professionnelles et commerciales, des écoles primaires, des classes élémentaires et *des cours d'adultes*, par A. Guilmin et J.-A. Testu, instituteur. 8ᵉ édition. 1 vol. in-18, cartonné.   1 fr. 50

11 Supplément au Recueil de 1771 exercices intitulé : CONNAISSANCES USUELLES, indispensables aux instituteurs et à leurs élèves, livre de classe et de bibliothèque, par A. Guilmin et A. Testu. 2ᵉ édit. Grand in-18.   1 fr.

12. Livre du maître du recueil de 1771 exercices, contenant les solutions développées des questions proposées dans ce Recueil. 1 vol. in-18, cart.   3 fr.

13. Livre du maître du supplément au Recueil, contenant les solutions développées des questions proposées dans ce Supplément.   1 fr. 25

Le Recueil et son Supplément ont été adoptés pour les écoles de la ville de Paris.

Les conseils suivants ont été donnés à M. Guilmin par plusieurs directeurs d'écoles primaires importantes :

« *Faites connaître le plus possible le recueil d'exercice*
« *annexe à vos arithmétiques et son supplément. La commo-*
« *dité de ces livres pour les maîtres et leur grande utilité pour*
« *les élèves, à l'école et hors de l'école, sautent aux yeux à la*
« *première lecture même rapide et sommaire. Tout instituteur*
« *ou institutrice qui les aura feuilletés ou parcourus par*
« *endroits pendant une demi-heure au plus chacun, sera cer-*
« *tainement disposé à les adopter immédiatement pour lui et*
« *bientôt pour ses élèves, enfants ou adultes.*

Beaucoup d'instituteurs sont d'avis que le Recueil et son Supplément, *à cause de leur grande utilité à l'école, et hors de l'école dans les situations et les circonstances les plus ordinaires de la vie, devraient être mis* AU MOINS *entre les mains des élèves de dernière année, enfants ou adultes, des classes primaires du jour et du soir. Ces livres, conservés par eux après leur sortie de l'école seraient dans les familles d'une utilité continuelle.*

Ils conviennent éminemment dans les cours d'adultes.

14. Répertoire agricole, résumé ou memento, conforme au programme officiel de l'enseignement agricole qui doit être donné dans les écoles primaires rurales et dans les cours d'adultes, contenant un très-grand nombre de tableaux de nombres importants et utiles à tous, et de problèmes d'agriculture les plus usuels, faisant suite à l'Arithmétique nº 3, et au Recueil annexe d'exercices, par A. Guilmin et J.-A. Testu. 2ᵉ édit. 1 vol. in-18, cart. 0 fr. 80

15. Livre du maître du répertoire agricole. Solutions des problèmes proposés. *Sous presse.*

Mêmes observations que les précédentes sur le Recueil.

16. Cours de géométrie élémentaire (nº 1), à l'usage des lycées et colléges, et de tous les établissements d'instruction publique, suivi de notions sur les courbes usuelles, renfermant un très-grand nombre d'exercices proposés de géométrie pure et appliquée. 15ᵉ édition. 1 vol. in-8. 4 fr. 50

17. Cours élémentaire de géométrie (nº 2), à l'usage des classes de lettres, à partir de la quatrième inclusivement, et des classes élémentaires, conforme au programme officiel, complété par des notions sur l'arpentage, la mesure des hauteurs et le levé des plans. 12ᵉ édition. 1 vol. in-12, cartonné. 2 fr. 25

18. Livre du maître. Recueil d'exercices de géométrie élémentaire contenant les énoncés et les solutions développées des questions proposées dans les géométries nº 1 et nº 2, à l'usage de tous les établissements d'instruction publique. 2ᵉ édit. 1 vol. in-8. 5 fr.

Les Géométries 1 et 2 conviennent comme l'arithmétique nº 1 *aux élèves de l'enseignement primaire supérieur* et aux instituteurs qui aspirent au brevet supérieur ou veulent seulement perfectionner et compléter leur instruction en étudiant les principes et les théorèmes sur lesquels sont fondées les applications les plus ordinaires de la Géométrie.

19. Cours complet d'algèbre élémentaire (nº 1), convenant aux deux enseignements secondaires, à

l'usage des lycées et colléges, et de tous les établissements d'instruction publique, considérablement
augmenté et amélioré, contenant plus de 1200 exercices théoriques et pratiques. 12ᵉ édition, 1 vol.
in-18.   4 fr. 50

20. **Cours d'algèbre élémentaire** (nº 1 *bis*), à
l'usage des élèves de l'enseignement secondaire
spécial, des lycées et colléges et de tous les établissements d'instruction publique, conforme au
programme officiel, contenant un très-grand nombre
d'exercices théoriques et pratiques. Nouvelle édition, grand in-8 jésus, cartonné.   3 fr.

21. **Algèbre élémentaire** (nº 2), à l'usage des classes
de lettres (seconde et philosophie), des classes élémentaires et des instituteurs, renfermant un très-
grand nombre d'exercices de calcul algébrique et de
questions usuelles de tout genre. 6ᵉ éd. 1 vol. in-18
cartonné.   2 fr.

22. **Livre du maître. Recueil d'exercices théoriques et pratiques d'algèbre élémentaire**, contenant les énoncés et les solutions développées des
questions proposées dans les Cours d'algèbre nº 1,
nº 1 *bis*, et nº 2, à l'usage des classes de sciences,
des classes de lettres et des cours professionnels.
2ᵉ édition. 1 vol. in-8.   7 fr. 50

ALGÈBRE (nº 1). La rédaction de cet ouvrage est toute nouvelle depuis la première page jusqu'aux équations du premier
degré inclusivement. L'auteur s'est efforcé d'arriver *partout*
dans ce livre au dernier degré de simplicité, de précision, et
de clarté, pour qu'il puisse être facilement compris et étudié
avec fruit par le plus grand nombre des élèves.

Applications usuelles. La dernière partie du livre composée
des applications de l'algèbre *aux intérêts composés, à l'amortissement, aux placements et remboursements par annuités,
aux assurances sur la vie, aux actions et obligations rembour-
sables annuellement à la suite de tirages au sort, à l'estimation
des bois,* est aussi toute nouvelle et traitée avec soin et détail.
Elle a obtenu l'entière approbation des hommes spéciaux et
des praticiens les plus compétents.

ALGÈBRE (nº 1 *bis*). Cette algèbre, un peu moins étendue et
d'un prix moins élevé que l'algèbre nº 1 in-8º *dont elle es*

extraite textuellement, est destinée aux élèves de l'enseignement secondaire spécial qui veulent se borner à étudier sérieusement et complétement, mais *uniquement,* les matières
indiquées dans leur programme.

Les trois algèbres conviennent comme l'arithmétique nᵒ 1
pour l'*enseignement primaire supérieur* ainsi qu'aux instituteurs pour eux-mêmes et pour leurs élèves les plus avancés.

23. Cours de mathématiques appliquées, levé des
plans, arpentage et partage des terrains, nivellement,
notions de géométrie descriptive, à l'usage des lycées
et des colléges, et de tous les établissements d'instruction publique, des écoles normales primaires et
des instituteurs. 6ᵉ édition. 1 vol. in-8.   4 fr.

Cet ouvrage convient aux instituteurs et à tous ceux qui
peuvent avoir à exécuter, à diriger, ou à surveiller, pour les
communes et les particuliers, les opérations qui y sont expliquées. On le trouve généralement très-clair et bien approprié
à cette destination.

24. Leçons de Cosmographie, à l'usage des lycées
et des colléges et de tous les établissements d'instruction publique. 9ᵉ édition. 1 vol. in-8.   4 fr. 50

**25. Cours élémentaire de trigonométrie recti-
ligne,** à l'usage des lycées, et colléges, et de tous les
établissements d'instruction publique, conforme aux
programmes officiels des deux enseignements secondaires, contenant un grand nombre d'exercices théoriques et pratiques. 7ᵉ édit. 1 vol. in-12, cart. 1 fr. 80

26. Solutions développées des questions proposées
dans la trigonométrie. 2ᵉ édition. 1 vol. in-12.   2 fr.

**27. Petit traité théorique et pratique de l'assu-
rance sur la vie.** 2ᵉ édition. 1 vol. in-18.   1 fr.

Ce petit livre met toutes les questions usuelles concernant
l'assurance sur la vie à la portée de ceux qui connaissent la
formule générale des intérêts composés : $A = a (1 + r)^n$.
Beaucoup de praticiens, directeurs ou employés des principales compagnies d'assurances, l'ont trouvé très-simple, très-
clair, et très-exact.

OUVRAGES DE M. F. DUFFET
PROFESSEUR DE LANGUES.

Méthode progressive et pratique
POUR L'ÉTUDE DE LA LANGUE ANGLAISE
PAR F. DUFFET, PROFESSEUR DE LANGUES
1re partie, 1 vol. in-12, cartonné (2e édition): **2 fr. 50.**

Clef de la Méthode
1re partie, 1 vol. in-12, cartonné : **0 fr. 75.**

Méthode progressive et pratique
POUR L'ÉTUDE DE LA LANGUE ANGLAISE
2e partie, 1 vol. in-12, cartonné : **2 fr. 50.**

Clef de la Méthode
2e partie, 1 vol. in-12, cartonné : **1 fr. 25.**

Traité des Idiotismes de la langue anglaise
1 vol. : **1 fr. 25.**

Progressive and practical Method
OF LEARNING THE FRENCH LANGUAGE
2 parties en un gros volume in-12, toile anglaise : **6 fr. 50.**

Grammaire française rédigée pour l'enseignement élémentaire, par L.-A. Bourguin, auteur de plusieurs ouvrages classiques. 1 vol. in-12, cartonné. » **80 c.**

Cette grammaire, rédigée sur un plan nouveau, comprend peu de règles et beaucoup d'exercices d'analyse grammaticale et logique. Elle emploie les signes d'analyse phonomimiques. Ces signes très-simples se placent au dessous de chaque mot pour en déterminer la nature et les modifications. Ils évitent le travail long et fastidieux des analyses habituelles et forcent l'enfant à réfléchir à chaque mot qu'il écrit.